知ってうれしい

数学の基本

電卓片手に とことん
掘り下げよう！

押川元重

日本評論社

まえがき

　私たちはたまに、はっと気付くことがあります。それは、ものごとの繋がりに新しく気付いたときや、これまでの理解がすっきりと整理できたときではないでしょうか。知らない土地を歩き回っているときに、道と道の繋がりを発見して土地勘が生まれるのと似ています。脳の神経細胞が新しい結合をつくることによって記憶し、理解することに関係しているようです。そのようなときには、喜びを感じます。知る喜び、理解した喜びを感じることができたときは元気がでます。

　学校で学んだことは、試験のときまでは覚えていたとしても、しばらくするとそのほとんどを忘れます。しかし、仕事や生活の中でたびたび出会う事柄については、特に勉強したわけでもないのに、いつのまにか覚え、理解できるものです。繰り返しの力です。また、関心を持ったことについては、いつのまにか知識が増えます。学んだことは忘れるといっても、すべてではなく、その一部は脳の奥底に残るようです。それは、再び学ぶときに、最初のときよりも理解や覚えが良いことになって表れます。しかも、一度学んだという記憶が、自信となって、仕事や生活の経験の中で生きてくることもあります。そのような自信は、生きるうえでの積極性にもつながっていきます。

　人は互いに競争します。あらゆる面で人の間の競争は見られます。知識の量や理解力をめぐっても競争がみられます。文化や科学が発展してきたもとには、人々の間の競争の力があったことは否定できません。

　競争こそが第一だという考えがあります。私はその考えには賛同できません。競走だけでなく協力がなければ人間の社会はなりたちません。学問発展の歴史をみると、学問は天才といわれる人によって切り開かれてきたようにもみえます。しかし、天才といわれる人だ

けによっては、学問は発展しません。天才といわれる人が切り開く
ことができた背後には、多数の無名の人々の苦闘によってつくりだ
されたものがあります。したがって、天才といわれる人を生み出す基
盤が大切です。学習教育をみても、子どもたちは学習の場で競争を
します。しかし、こうした競争があることを認めることと、競争を煽
ることとは別ものです。競争を煽ることは競争で勝つことそのもの
を自己目的化することになりかねません。競争で勝つことを自己目
的化すると、競争に負けたときや、勝利を達成した途端に努力の放
棄を導きかねません。さらに、努力の放棄だけでなく対象に対する
嫌悪さえも招きかねません。勉強することそのものを嫌がる気持ち
です。学習のなかで得られるさまざまな喜びや学習における協力が
あれば、そんなことも少ないでしょう。

　算数は日常生活において、確かに役立つが、数学で役立つものはな
いのではないかという声を聴くことがあります。数学がそのような
追及の中心になるのは理由があるのでしょう。学んだことを役立てる
ことは大切ですが、直接役立つようなことだけを学ぶのでは、十分
に役立てることはできないといえます。学ぶことには脳の機能を一
般的に高めるということもあります。さらに、学習には個人の幸福
とともに、社会的な意義があります。小学校の課程さえ修了できる
のは、ほんの一部の人に限られる国があります。自分の考えを主張
することが容易でないそうした国の人々は幸せでしょうか？　学習教
育は個人の幸福な生活のためであるとともに、望ましい社会をつく
りだすためでもあります。社会の教育レベルが、産業や生活や個人
の幸福のレベルに反映することは明らかです。しかし、受験のため
の教育が過熱しすぎると、個人の不幸を招くだけでなく、学習教育
の社会的な意義が忘れられることになりかねません。さらに、そう
した社会的な意義のために、管理され、強制されているという気持
ちさえつくりだされかねません。

　我が国の学習教育の現状が、数学嫌いをたくさんつくりだしている
ことは残念なことです。それは、数学を楽しく学ぶよりも、数学が競

争の道具にされているからです。数学嫌いが増えていることが理由になって、高校で数学を学ぶ人数と学ぶ内容の分量が減っています。さらに大学でも同じ傾向が見られます。さらにこのことが、もっと数学を学びたいと思う人の学ぶ機会を狭くしています。数学を欠かすことができない専門分野の人だけに数学の学習が限られるということは、好ましいことではありません。それは格差拡大の一種です。格差拡大は全体のレベルを引き下げます。例えば、割合のパーセントをほとんどの人が理解している社会と、ほんのわずかの人しか理解していない社会を比べてみてください。仕事においてはもちろん、日常会話においても、パーセントという用語が気楽に使える社会と使えない社会の違いとなります。パーセントは単なる例にすぎません。さまざまな事柄についてのレベルがその社会の最先端の文化や科学や思想のレベル、さらには個人の幸福のレベルにも反映します。多くの人が知ることが望ましいのに、それほど難しくない数学がいろいろあります。だからといって、学習を強制すべきではありません。知ること、わかることを楽しむことが学習の基本にあるべきです。

　算数・数学は厳密な論理のもとでつくりあげられています。論理的な厳密さを最も重視しているのが算数・数学であるともいえます。したがって、算数・数学の学習の意義の中には、論理的に考える力を養うことがあります。人は、耳で聞いていても、聞き留めていないということがあります。そんなときは、相手が何故そんなことをいうのかを気にかけていません。そのような意味からも、何故なのかを考える力を養うことは、幸せな人生をつくりだすためにも、さらに、できるだけ望ましい社会をつくりだすためにも、大切なことです。

　算数・数学は、誤らず計算できることによって喜びを感じます。また、計算できることによって理解への自信がつきます。しかし、本書は、計算能力をつくることを目的としていません。計算能力をつくるには、一定の訓練が必要です。しかも、せっかく身に付けた計算力もそれを維持する努力を継続しないと、低下を止めることはできません。本書の目的は、こんな数学があると知っていただき、楽

しんでいただくことです。また、簡単なことのようにみえる算数についても、丁寧に謙虚に見直してみると、はっとするようなことに気付かされます。そのような気付きの喜びも味わってほしいと思います。本書は理解を整理していただくことを期待して、読者がよく知っていることを書き並べています。また、本書の内容には、数学の専門家以外にはあまり知られていないことも含まれています。つまり、誰もが知っていることと、一般にはあまり知られていないことの両方が含まれています。よく知っていると思っていることの中にも、注意深く学ぶと意外と深いことが含まれていることを知って喜んでほしいと思います。こんなこともあるのかと知って喜んでください。何かを知ることで何かの役に立つことを期待するよりも、知ることそのもので喜んでください。

　さまざまな性格の人がいます。親しみが湧きやすい数学の分野も、人の性格によって異なるようです。本書にはさまざまな分野の数学が含まれていますが、本書の各章は他の章での説明がほとんど前提になっていませんので、いくらかでも読みづらさを感じる章については、読むのを後回しにすることを勧めます。また、無理して覚えようという緊張感は少ない方が良いと思います。できれば、繰り返して読み直してください。

　本書をつくるきっかけとなった放送大学福岡学習センター数学勉強会の参加者の皆さん、および、貴重な意見をいただいた畏友石橋謙二さんと日本評論社編集部の大賀雅美さんに感謝します。

2021 年 7 月
著者記す

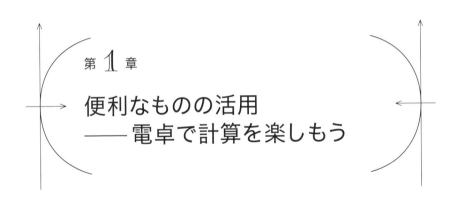

第 1 章

便利なものの活用
——電卓で計算を楽しもう

　算数・数学のもとは数の計算です。しかし、仕事で計算することが多い人や家計の計算する人以外では計算する機会も少ないのではないでしょうか。計算そののものも手計算するのは面倒です。そうです。電卓を使いましょう。計算の仕方を習得しているおとなは、電卓を利用して計算すべきです。

　この章では、M+ キー（機種によっては、M+= キー）が付いた電卓を使用することを想定しています。計算した途中の数値をノートに書き写すよりも電卓に記憶させておくほうが便利だからです。実

際の数の計算は電卓に任せることによって、気楽な気持ちで、あらためて数の計算を見なおしてみましょう。 M+ キー付きの電卓が手元にない場合、千円以下で購入できると思います。電卓キーを押しながら本書を読み進めてください。

1.1　足し算、引き算、掛け算、割り算をやってみよう

電卓の使い方に慣れるために、電卓を使った足し算、引き算、掛け算、割り算から始めましょう。できるだけ本書に習って、電卓のキーを打つようにしてください。

例題　205 + 306 を計算してください。

答え　まず、 AC キー（機種によっては、 CA キーです）を押して、電卓をまっさらに（Clear All）します。次に、 2 0 5 + 3 0 6 = 、とキーを押すと、答えの 511 が表示されます。

例題　9998 + 1003 を計算してください。

答え　 AC 9 9 9 8 + 1 0 0 3 = と押すと、答えの 11001 が表示されます。

例題　23 + 31 + 44 を計算してください。

答え　 AC 2 3 + 3 1 = と押すと、表示は 54 となり、さらに、 + 4 4 = と押すと、答え 98 が表示されます。 AC 2 3 + 3 1 + 4 4 = 、と続けて押しても同じです。

例題　98 − 32 を計算してください。

答え　 AC 9 8 − 3 2 = と押すと、答え 66 が表示されます。

例題　2003 − 5 を計算してください。

答え　AC 2 0 0 3 − 5 = と押すと、答え 1998 が表示されます。

例題　35 + 77 − 20 を計算してください。

答え　AC 3 5 + 7 7 − 2 0 = と押すと、答え 92 が表示されます。

例題　95 − 66 − 51 を計算してください。

答え　AC 9 5 − 6 6 − 5 1 = と押すと、答え −22 が表示されます。

　次は掛け算と割り算です。

例題　35 × 23 を計算してください。

答え　AC 3 5 × 2 3 = と押すと、答え 805 が表示されます。

例題　2 × 3 × 4 を計算してください。

答え　AC 2 × 3 × 4 = と押すと、答え 24 が表示されます。

例題　1234 × 9876 を計算してください。

答え　AC 1 2 3 4 × 9 8 7 6 = と押すと、答え 12186984 が表示されます。

例題　54 ÷ 9 を計算してください。

答え　AC 5 4 ÷ 9 = と押すと、答え 6 が表示されます。

例題　400.98 ÷ 32.6 を計算してください。

答え　AC 4 0 0 · 9 8 ÷ 3 2 · 6 =

と押すと、答え 12.3 が表示されます。

例題　$1584 \times 140 \div 2112$ を計算してください。

答え　AC 1 5 8 4 × 1 4 0 ÷ 2 1 1 2 = と押すと、答 105 が表示されます。

　電卓を使っての計算に慣れてきたことでしょう。

1.2　分数の計算を電卓でしてみよう

1.2.1　分数を小数で表そう

　分数は分子を分母で割ることによって小数で表すことができます。例えば、

$$\frac{1}{4} = 1 \div 4 = 0.25, \qquad \frac{16}{5} = 16 \div 5 = 3.2, \qquad \frac{9}{8} = 1.125$$

です。ところが、電卓で計算したとき、

$$\frac{1}{3} = 1 \div 3 = 0.333333333$$

と 3 が並びます。筆算しても同じです。3 がこの後も限りなく続きます。小数点以下の数がすべて 3 ですが、ノートにすべてを書くことはできませんし、電卓にすべてを表示することもできません。

$$\frac{1}{7} = 1 \div 7 = 0.142857142$$

となります。電卓がもっと多くの桁を表示できるとしても、この後も 142857 が限りなく繰り返します。このように何桁かの数が無限に繰り返して並ぶ小数を**無限循環小数**と呼びます。また、0 以外の数が無限にたくさん現れる小数を**無限小数**といいます。分数を小数で表したときに無限小数となる場合は、電卓では表示できる桁までで打ち切って表示します。もしノートに書くとしてもどこかで打ち切らざるを得

ません。つまり、分数を小数で表そうとすると、電卓でもノートでも表示を打ち切らざるを得ないための誤差が生まれることがあります。

　分数を小数で表そうとするとき、実際にすべてをきちんと書き表すことができないことがありますので、**分数はすべての桁の数が決まっているという意味では小数で表せるけれど、桁の個数が無限に多くあるので、電卓でもノートでもすべてをきちんと書き表せないことがある**ということです。したがって、分数の計算を電卓で小数になおして計算するときは、計算誤差が生まれることがあります。

例題　$1 \div 3 \times 3$ を計算してください。

答え　電卓で、[AC] [1] [÷] [3] [×] [3] [=] と押すと、答え 0.999999999 が表示されます。最初の $1 \div 3$ が無限小数になるため、その誤差が影響したわけです。このように電卓による計算は誤差が生まれることがあります。電卓だけでなく日常生活においても、千円のお茶代を 3 人で割り勘しようとするとき、きっちり 3 等分できないため、一人が 333 円で、残りの 1 円を誰が払うかの処理が必要になります。このように、現実の生活においても、きっちりと割り切れないことがあります。

　分数の性質の 1 つは、分子と分母に 0 でない同じ数をかけても割っても変わらないということです。

$$\frac{1}{2} = \frac{2}{4} = \frac{3}{6}$$

は電卓で分子を分母で割ることにより、いずれの分数を小数で表してもすべて 0.5 になり一致します。また、

$$\frac{2}{3} = \frac{4}{6} = \frac{6}{9}$$

は、電卓で分子を分母で割ることにより、いずれの分数を小数で表してもすべて 0.666666666 と表示されます。

1.2.2　分数の計算をやってみよう

　分数の足し算は、分母を共通にして分子を加えます。

$$\frac{1}{8} + \frac{1}{4} = \frac{1}{8} + \frac{2}{8} = \frac{1+2}{8} = \frac{3}{8}$$

まず、最左辺 $\frac{1}{8} + \frac{1}{4}$ を小数になおして計算します。もし、電卓に 2 つの数を記憶できる機能があるならば、$\frac{1}{8}$ を小数になおしたものと、$\frac{1}{4}$ を小数になおしたものをそれぞれ記憶させてから、それらを加えたいところですが、電卓は 1 つの数しか記憶できないので、まず、$\frac{1}{4}$ を小数になおして電卓に記憶させます。それには、AC 1 ÷ 4 = M+ と押して計算結果の 0.25 を電卓に記憶させます。次に、1 ÷ 8 = と押して 0.125 を得た後で、+ MR = と押して電卓の記憶を呼び戻して加えると、0.375 が表示されます。MR キーは電卓に記憶させたものを呼び戻す（Return Memory）というキーです。上の等式の最右辺 $\frac{3}{8}$ は、AC 3 ÷ 8 = と押すと、0.375 が表示されますので、上の分数の計算が正しいことを小数になおして確かめることができました。

　なお、電卓には M+ キーのほかに M- キーがあります。M+ キーは計算結果をこれまでの記憶していた数値に加えて記憶する機能、M- キーは計算結果をこれまでの記憶していた数値から引いて記憶する機能です。本書では M- キーは利用しません。2 個か 3 個の数値を記憶できる電卓があれば便利なのに、そのような電卓が売り出されないのはどうしてだろうと思います。

　分数の引き算も、分母を共通にして分子を引きます。

$$\frac{8}{5} - \frac{3}{7} = \frac{56}{35} - \frac{15}{35} = \frac{41}{35}$$

まず、$\dfrac{3}{7}$ を計算して、電卓に記憶させておきます。それには、`AC` `3` `÷` `7` `=` `M+` と押します。次に、`8` `÷` `5` `=` `−` `MR` `=` と押せば、最左辺 $\dfrac{8}{5} - \dfrac{3}{7}$ が計算されて、1.171428571 と表示されます。次に、`AC` `4` `1` `÷` `3` `5` `=` と押せば、1.171428571 と表示されて、最右辺 $\dfrac{41}{35}$ が計算されます。よって、上の分数の計算が正しいことを小数になおして確かめることができました。

分数の掛け算は、分母と分母を掛け算し、分子と分子を掛け算します。

$$\frac{8}{35} \times \frac{11}{3} = \frac{8 \times 11}{35 \times 3} = \frac{88}{105}$$

まず、$\dfrac{11}{3}$ を計算して、電卓に記憶させておきます。それには、`AC` `1` `1` `÷` `3` `=` `M+` と押します。次に、`8` `÷` `3` `5` `=` `×` `MR` `=` と押せば、最左辺が計算されて、0.838095238 と表示されます。次に、`AC` `8` `8` `÷` `1` `0` `5` `=` と押せば、最右辺 $\dfrac{88}{105}$ が計算され、0.838095238 と表示されます。よって、上の分数の計算が正しいことを小数になおして確かめることができました。

分数の割り算は、割るほうの分数の分母と分子を入れ替えてできる分数を掛け算します。

$$\frac{8}{35} \div \frac{11}{3} = \frac{8}{35} \times \frac{3}{11} = \frac{8 \times 3}{35 \times 11} = \frac{24}{385}$$

まず、$\dfrac{11}{3}$ を計算して、電卓に記憶させておきます。それには、`AC` `1` `1` `÷` `3` `=` `M+` と押します。次に、`8` `÷` `3` `5` `=`

÷ MR = と押せば、最左辺 $\frac{8}{35} \div \frac{11}{3}$ が計算されて、0.062337662 と表示されます。次に、 AC 2 4 ÷ 3 8 5 = と押せば、最右辺 $\frac{24}{385}$ が計算されて、0.062337662 と表示されます。よって、上の分数の計算は小数になおして確かめることができました。

　分数の足し算、引き算、掛け算、割り算の例を、それぞれ小数になおして計算して確かめました。分数も数であることをあらためて確認していただいたわけです。ただし、分数は無限小数になることがありますので、計算誤差が生まれることがあります。そのために分数の計算は分数のままで計算することが多いのです。

1.3　当たりの量を考える

　本章で中心的に取り扱っているのは、当たりの量と割合です。それらは日常生活や社会生活、さらには諸学問における基本的な考え方の道具です。当たりの量については小学生のときに一般的に学びますが、それは具体的な当たりの量をそれほどたくさんは知らないときです。その後の学校教育の多くの科目において、さまざまな当たりの量がでてきます。しかし、実感がわかない大きな数や小さな数、あるいは、実感がわかない単位であるなどのために、当たりの量であることにすら気付かないこともあるようです。当たりの量や割合は、小学生のときで終わりではなく、例えば、さまざまな資格試験や就職試験などにおいてもたびたび出題されます。

　算数や数学においてもいくつもの考え方があります。個性をもってそうした多様な考え方ができることも算数や数学の魅力です。しかし、本書においては、当たりの量や割合について、型にはまった考え方を強調しています。

1.3.1 当たりの量とは

飴玉 2 個で 6 円でした。この飴玉は 1 個が 6 ÷ 2 ＝ 3 で 3 円になります。この 3 円は単なる 3 円ではなく、1 個当たりの値段が 3 円だという単価を表しています。したがって、当たり（英語では per）を表す記号 / を使って、3 円/個 と書き表して、1 個当たり 3 円と読むことが望ましいといえます。

2 時間で 6 km 歩きました。歩く速さは、6 ÷ 2 ＝ 3 で、1 時間当たり 3 km となります。この 3 km は単なる 3 km ではなく、1 時間当たり 3 km という速度を表しています。したがって、3 km/時 と書き表すことが望ましいといえます。

3 円/個 や 3 km/時 を**当たりの量**といいます。当たりの量はいろいろたくさんあります。その一部を書き並べてみます。

例 ● みかん 15 個を 5 人で食べました。1 人当たり 3 個食べたことになります。つまり、3 個/人 です。
● 米 10 kg を 5 日で食べました。1 日当たり 2 kg 食べたことになります。つまり、2 kg/日 です。
● 岩石の小片の体積が 3 cm^3 で重さが 9 g ありました。1 cm^3 当たり 3 g となります。つまり、3 g/cm^3 です。

当たりの量が決まっているものもたくさんあります。

例 ● 1 週間は 7 日です。つまり、7 日/週 です。
● 1 日は 24 時間です。つまり、24 時間/日 です。
● 1 時間は 60 分です。つまり、60 分/時間 です。
● 1 分は 60 秒です。つまり、60 秒/分 です。
● 1 ダースは 12 本です。つまり、12 本/ダース です。
● 1 升は 1.8 L です。つまり、1.8 L/升 です。なお、現在の学校教育ではリットルを記号 ℓ ではなく、記号 L を使うようになっています。

- 1 坪は $3.3\,\mathrm{m}^2$ です。つまり、$3.3\,\mathrm{m}^2/$坪 です。
- 1 マイルは $1.6\,\mathrm{km}$ です。つまり、$1.6\,\mathrm{km}/$マイル です。
- 炭水化物の熱量は $1\,\mathrm{g}$ 当たり $4\,\mathrm{kcal}$ です。つまり、$4\,\mathrm{kcal/g}$ です。
- $1\,\mathrm{kg}$ は $1000\,\mathrm{g}$ です。つまり、$1000\,\mathrm{g/kg}$ です。
- $1\,\mathrm{km}$ は $1000\,\mathrm{m}$ です。つまり、$1000\,\mathrm{m/km}$ です。
- $1\,\mathrm{m}$ は $100\,\mathrm{cm}$ です。つまり、$100\,\mathrm{cm/m}$ です。
- $1\,\mathrm{cm}$ は $10\,\mathrm{mm}$ です。つまり、$10\,\mathrm{mm/cm}$ です。
- $1\,\mathrm{L}$ は $10\,\mathrm{dL}$ です。つまり、$10\,\mathrm{dL/L}$ です。

　個、人、円、m、km、g、kg、L、週、日、時間、分、秒などの単位が付く量は測定できる量です。それに対して、**当たりの量は計算することによって得られる量**です。測定できる量をいくらか理解できる人間以外の動物がいるかもしれませんが、当たりの量を理解できるのは人間だけでしょう。

1.3.2　当たりの量に関係する計算と 6, 2, 3 図式

　飴玉 2 個で 6 円で、1 個当たり 3 円であるという関係を図式で書き表すと、

$$\frac{6\,\text{円}}{2\,\text{個}} = 3\,\text{円}/\text{個}$$

となります。ここに表れる 3 つの量のうち、3 円/個 は $6 \div 2$ で得られれ、6 円は 2×3 で得られ、2 個は $6 \div 3$ で得られるという関係にあります。

　2 時間で $6\,\mathrm{km}$ 歩き、歩く速さは、1 時間当たり $3\,\mathrm{km}$ であるという関係を図式で書き表すと、

$$\frac{6\,\mathrm{km}}{2\,\text{時間}} = 3\,\mathrm{km}/\text{時}$$

となります。ここに表れる 3 つの量のうち、$3\,\mathrm{km}/\text{時}$ は $6 \div 2$ で得られ、$6\,\mathrm{km}$ は 2×3 で得られ、2 時間は $6 \div 3$ で得られます。これからは、6, 2, 3 の 3 つの数値からなるこの図式を **6, 2, 3 図式** と呼ぶことにします。当たりの量と関係した計算はすべて 6, 2, 3 図式と同じように計算すればよいわけですから便利です。6, 2, 3 の 3 つの数値は互いにかけ算で得られるのか、割り算で得られるのかは覚えるまでもありません。大きな数になったり、小さな数になったり、分数になったり、なじみが薄い単位の量になったりした場合に、掛け算をすればよいのか、割り算をすればよいのか、戸惑うことがなくなるでしょう。

例題 太郎さんはりんご 7 個を 315 円で買いました。花子さんは同じりんごを 9 個買いました。花子さんはいくら払ったでしょう。
答え 太郎さんが買った図式と花子さんが買った図式の 2 つができます。

$$\text{太郎さん：} \quad \frac{315\,\text{円}}{7\,\text{個}} = \boxed{}\,\text{円}/\text{個},$$

$$\text{花子さん：} \quad \frac{\boxed{}\,\text{円}}{9\,\text{個}} = \boxed{}\,\text{円}/\text{個}$$

　同じりんごというのは 1 個当たりの値段が同じということです。上の 2 つの図式の右辺が同じということです。6, 2, 3 図式を思いだすと、太郎さんの図式の右辺は、$315 \div 7 = 45$ で 45 です。この値は花子さんの図式の右辺ですから、花子さんが払った金額は、6, 2, 3 図式を思いだすと、$9 \times 45 = 405$ で、405 円が花子さんが払った金額です。

6, 2, 3 図式において大切なことは、右辺の 3 が当たりの量であるということです。

例題　本を 5 時間で 115 ページ読みました。同じような読み方を続けたとき、残り 285 ページを読むのに何時間かかるでしょう。
答え　1 時間当たりに読むページ数についての問題です。

$$\frac{115 \text{ ページ}}{5 \text{ 時間}} = \boxed{} \text{ ページ/時間}$$

の図式ができます。右辺は、6, 2, 3 図式を思いだすと、$115 \div 5 = 23$ で、1 時間当たり 23 ページを読んだということになります。次に残りの 285 ページについての図式です。

$$\frac{285 \text{ ページ}}{\boxed{} \text{ 時間}} = 23 \text{ ページ/時間}$$

この分母は、6, 2, 3 図式を思いだすと、$285 \div 23 = 12.39130434$ ですから、12.4 時間くらいで読み終えるだろうということです。

例題　地球から月まで 38 万 km あります。時速 1000 km の飛行機で行くとすると（行けたとして）、何日くらいかかるでしょう。
答え　次の速度の図式ができます。

$$\frac{380000 \text{ km}}{\boxed{} \text{ 時間}} = 1000 \text{ km/時間}$$

左辺の分母は、6, 2, 3 図式を思いだすと、$380000 \div 1000 = 380$ ですから、380 時間です。これを日数になおすには、1 日は 24 時間ですから、次の図式を用います。

$$\frac{380 \text{ 時間}}{\boxed{} \text{ 日}} = 24 \text{ 時間/日}$$

左辺の分母は、6, 2, 3 図式を思いだすと、$380 \div 24 = 15.83333333$ と

なりますから、15.8 日くらいです。

例題 高速道路を 2 時間で 190 km を走ってきました。残り 130 km を同じ速さで走るとすると、どれだけの時間がかかるでしょう。

答え 「これまで」の図式と「これから」の図式を考えます。

$$\text{これまで}: \frac{190\,\text{km}}{2\,\text{時間}} = \boxed{}\,\text{km/時},$$

$$\text{これから}: \frac{130\,\text{km}}{\boxed{}\,\text{時間}} = \boxed{}\,\text{km/時}$$

「これまで」の図式の右辺は、$190 \div 2 = 95$ ですから、95 です。この値は「これから」の図式の右辺ですから、「これから」の時間は、$130 \div 95 = 1.368421052$ です。小数点以下のこんなたくさんの桁数は実際は意味を持ちませんから、1.368 時間で十分でしょう。0.368 時間が何分になるかは、図式

$$\frac{\boxed{}\,\text{分}}{0.368\,\text{時間}} = 60\,\text{分/時間}$$

より、$0.368 \times 60 = 22.08$ 分ですから、これから、1 時間 22 分かかるということになります。

現実の問題では、小数点以下のたくさんな桁数が出てくる数値になることが多いので、適当な数値の切り捨てや四捨五入が必要です。小中学校の試験問題では、答えがきっちりと書けるような数値に取り換えて出題しますが、成人を対象とした本書においては、これから先も、切り捨てや四捨五入などの現実的な処理を行うことにします。

例題 レンタカーを借りるとき、ガソリンが 50 L 入っていると告げられました。そのレンターカーで 520 km 走ったとき、ガソリンを 29 L 使っていました。同じような走り方をしたとき、残り 21 L のガソリンでどれだけの距離を走れるでしょう。

答え 29 L の図式と 21 L の図式を考えます。

$$\frac{520\,\mathrm{km}}{29\,\mathrm{L}} = \boxed{}\,\mathrm{km/L}, \qquad \frac{\boxed{}\,\mathrm{km}}{21\,\mathrm{L}} = \boxed{}\,\mathrm{km/L}$$

2 つの図式の右辺はガソリン 1 L 当たりどれだけの距離を走るかを示すもので、燃費と呼ばれます。29 L の図式の燃費は、6, 2, 3 図式を思い出して、$520 \div 29 = 17.931034$ です。この値を電卓に記憶させます。同じような走り方とは、21 L のときも、この記憶した燃費だということです。21 L の図式の距離は、$21 \times 17.931034 = 376.551714$ ですから、約 376 km は走れるということです。

問題 1-1 太陽と地球の距離は 1 億 4960 万 km です。光の速さは秒速 30 万 km です。太陽から出た光が地球に到達するのは何分何秒後でしょう。

6, 2, 3 図式は記憶の努力を要するまでもない簡単なものですが、当たりの量の本質を示しています。世の中のいろいろな場に現れる当たりの量を当たりの量と気付き、合わせて 6, 2, 3 図式を思い出せば、計算に戸惑うことも起こらないでしょう。

1.3.3 それぞれの分野特有の当たりの量

日常生活や社会生活において、さまざまな当たりの量がありますが、さらに、世の中のそれぞれの分野にはその分野特有の当たりの量があります。ここでは化学の分野のモルに関わる当たりの量を取り上げます。それは世の中のさまざまな分野にその分野特有の当たりの量があることに目を配っていただくためです。

化学の分野ではモルという特有の量があります。例えば、水の電気分解は化学式で

$$2\mathrm{H_2O} \longrightarrow 2\mathrm{H_2} + \mathrm{O_2}$$

と表せます。これは 2 モルの水分子が、2 モルの水素分子と 1 モルの

酸素分子に分解されることを意味します。このように、物質の化合や分解においては、**モル**を単位として考えることが必要です。

例題 水素ガス 1 L の重さは何 g でしょう。

答え 2 種類の当たりの量を考えることによって計算します。1 気圧 0 度のガスは、1 モルの体積が 22.4 L です。つまり、22.4 L/モル です。したがって、1 L のガスは

$$\frac{1\,\text{L}}{\boxed{}\,\text{モル}} = 22.4\,\text{L/モル}$$

より、$1 \div 22.4 = 0.044642857$ ですから、0.044642857 モルとなります。この値を電卓に記憶させておきます。

　次に、水素分子 H_2 の分子量は 2 です。分子量が 2 ということは、水素分子 H_2 の 1 モル当たりの重さは 2 g ということです。つまり、2 g/モル ということです。したがって、0.044642857 モルの水素分子は、

$$\frac{\boxed{}\,\text{g}}{0.044642857\,\text{モル}} = 2\,\text{g/モル}$$

より、$0.044642857 \times 2 = 0.089285714$ ですから、1 L の水素ガスは 0.089 g ということになります。

　繰り返しますが、化学の計算を理解していただくためではなく、さまざまな分野においてその分野特有の当たりの量に関わる計算があることに気を配っていただくために、例として示しました。例えば、交換レート：円/ドル、時給：円/時間、人口密度：人/km^2、比重：g/cm^3、伝送速度：バイト/秒、分子の個数：6.02×10^{23}個/モル、分子量：g/モル など、さまざまな当たりの量があります。

1.4　割合を考える

1.4.1　割合

　もとにする量（基準量）を 1 としたときの比べる量の大きさが**割合**です。割合は単なる数ではありませんので、記号 / で表します。

$$\frac{比べる量}{もとにする量} = 割合/$$

　もとにする量（基準量）を 100 としたときの比べる量の大きさが**パーセント割合（百分率）**です。つまり、per（当たりの）cent（100）です。パーセント割合は / に 100 をかけたものになりますから、パーセント記号%は割合記号 / に小さい 0 が 2 つ付いています。

　割合やパーセント割合を考えるときは、**もとにする量（基準量）が何であるかが明確でなければなりません。**

例題　あるクラスの女子が 15 名で男子が 10 名でした。女子の割合はいくらでしょう。

答え　女子の人数のどの人数に対する割合であるかが大切です。普通はクラス全体の人数 25 名に対する割合を考えます。そのときは、

$$\frac{女子の人数}{クラス全体の人数} = \frac{15 人}{25 人} = 0.6/ = 60\,\%$$

となります。0.6 は割合を表す数値ですので、後ろに割合を表す記号 / を付けるのが良いと思います。割合も当たりの量の一つですが、分母と分子が同じ単位ですので単位を数と同じように約分したものが記号 / だと考えればよいわけです。0.6 の 100 倍は 60 ですので、60%です。

　ところが、女子の人数の男子の人数に対する割合と考えると、

$$\frac{\text{女子の人数}}{\text{男子の人数}} = \frac{15\ \text{人}}{10\ \text{人}} = 1.5/ = 150\ \%$$

となります。つまり、女子の人数の男子の人数に対する割合は 150 % ということになります。これを女子の人数は男子の人数の 1.5 倍であるともいいます。割合がどの量に対する割合なのかがはっきりしないときは確かめる必要があります。

　比べる量がそれを含む全体の一部であるときは、比べる量の全体の量に対する割合は 100%以下になります。例えば、2 つの県だけのデータがあるとき、それらを合計した量と比べてもあまり意味を持たないということもあります。そのような場合は片方の他方に対する割合を考えることになり、割合が 100%を超えることもあります。

　また、割合は割り算で決まりますので、たくさんな桁数の小数や無限小数になることがあり、その場合は四捨五入などをすることにより、誤差が生まれることもあります。

1.4.2　割合に関係する計算と 6, 2, 3 図式

　割合も当たりの量ですから、割合に関係する計算では、6, 2, 3 図式を考えて計算するとよいということになります。また、割合に関係する計算においては、パーセント割合は 100 で割って割合になおして計算しなければなりません。

例題　売っている衣類に、定価の 30%の値引きということで 4900 円の新しい値札が付けられていました。もとの定価はいくらだったでしょう。

答え　30%の値引きとは、定価の 70%で売られているということですから、次の図式がなりたちます。

$$\frac{4900\ \text{円}}{\text{定価}\ \boxed{}\ \text{円}} = 0.7/$$

左辺の分母は、6, 2, 3 図式を思いだすと、4900 ÷ 0.7 = 7000 ですから、もとの定価は 7000 円です。

例題　売値 1 万円の商品の 30% 値引きで売値を付けなおし、さらに 30% 値引きで売値を付けなおしました。3 番目の売値は最初の売値の何 % になるでしょう。

答え　ここで売値は、最初の売値、2 番目の売値、3 番目の売値の 3 つがあります。まず、次の図式がなりたちます。

$$\frac{2\,番目の売値\quad\boxed{}\ 円}{最初の売値\quad 10000\ 円} = \quad 0.7/$$

2 番目の売値は、10000 × 0.7 = 7000 ですから、7000 円です。次に 2 番目の値引きから得られる図式は、

$$\frac{3\,番目の売値\quad\boxed{}\ 円}{2\,番目の売値\quad 7000\ 円} = \quad 0.7/$$

ですから、3 番目の売値は、7000 × 0.7 = 4900 となりますから、4900 円です。最初の売値と 3 番目の売値の関係は

$$\frac{3\,番目の売値\quad 4900\quad 円}{最初の売値\quad 10000\ 円} = \boxed{}/$$

ですから、右辺の割合は、4900 ÷ 10000 = 0.49、すなわち、49 % です。3 番目の売値は、最初の売値から、51 % 値引きしたことになります。

　食塩水の**濃度（濃さ）**は、食塩の重さの水の重さに対する割合ではなく、食塩の重さの食塩水の重さに対する割合です。このことは社会的にも重要なことですから、明確に定められています。

例題　食塩 5 g を水 100 g に溶かすと何 % の食塩水ができるでしょう？

答え　次のような図式ができます。

$$\frac{\text{食塩の量}\quad 5\,\text{g}}{\text{食塩水の量}\quad 105\,\text{g}} = \boxed{}/$$

注意が必要なのは分母は食塩水の量ですから、100g+5g=105g になることです。$5 \div 105 = 0.047619047$ ですから、4.76%です。5%の食塩水をつくるには、食塩 5 g と水 95 g を混ぜなければなりません。

例題　5%の食塩水 100 g と 10%の食塩水 200 g を混ぜると、何%の食塩水ができるでしょう?

答え　3 つの食塩水があります。まず、混ぜる前の 2 つの食塩水を考えます。5%=0.05/ であり、10%=0.1/ ですから、

$$\frac{\text{食塩の量}\quad \boxed{}\text{g}}{\text{食塩水の量}\quad 100\,\text{g}} = 0.05/, \qquad \frac{\text{食塩の量}\quad \boxed{}\text{g}}{\text{食塩水の量}\quad 200\,\text{g}} = 0.1/$$

10%の食塩水の食塩の量は、$100 \times 0.05 = 5$ ですから、5 g です。20%食塩水の食塩の量は、$200 \times 0.1 = 20$ ですから、20 g です。次に混ぜ合わせた食塩水です。

$$\frac{\text{食塩の量}\quad 20+5\,\text{g}}{\text{食塩水の量}\quad 100+200\,\text{g}} = \boxed{}/$$

濃度は、$25 \div 300 = 0.083333333$ ですから、8.3 %です。

例題　7 %の食塩水 100 g に塩 5 g を追加すると、何%の食塩水になるでしょう?

答え　まず、7%の食塩水の図式です。

$$\frac{\text{食塩の量}\quad \boxed{}\text{g}}{\text{食塩水の量}\quad 100\,\text{g}} = 0.07/$$

食塩の量は、$100 \times 0.07 = 7$ で 7 g になります。次に、食塩を追加してできる食塩水の図式です。

$$\frac{食塩の量\quad 7+5\,\mathrm{g}}{食塩水の量\quad 100+5\,\mathrm{g}} = \boxed{}/$$

濃度は、$12 \div 105 = 0.114285714$ ですから、11.4 ％です。

　次に、割合を分数で表す場合を考えましょう。

例題　本を買ってその $\dfrac{2}{3}$ を読んだら、残りが 123 ページになりました。本は何ページあったでしょう。

答え　次のような図式ができます。

$$\frac{1\,日目の残り\quad 123\,ページ}{本の全体\quad \boxed{}ページ} = \frac{1}{3}/$$

本の全体のページ数は、$123 \div \dfrac{1}{3} = 349$ となり、349 ページです。

問題 1-2　本を買って 1 日目に本全体の $\dfrac{4}{7}$ を読み、2 日目に 1 日目の残りの $\dfrac{7}{9}$ を読んだら、残りが 22 ページになりました。本は何ページあったでしょう。

　割合は当たりの量の一種と考えて、6, 2, 3 図式を思い出せば、かけ算するのか、割り算するのか戸惑うこともないでしょう。ただ、割合については、割合 / とパーセント割合%の関係に気を配ることが必要です。また、いくつもの割合が出てきたときは、すべてについて 6, 2, 3 図式を考えることが必要です。

第2章
並べ方と選び方

2.1　並べ方の個数

　10 人の人を 1 列に並べる並べ方が何通りあるかを考えると、

$$10 \times 9 \times 8 \times 7 \times 6 \times 5 \times 4 \times 3 \times 2 \times 1$$

通りになります。これを電卓で計算すると、

$$1 \times 2 = 2, \quad 2 \times 3 = 6, \quad 6 \times 4 = 24, \quad 24 \times 5 = 120,$$

$$120 \times 6 = 720, \quad 720 \times 7 = 5040, \quad 5040 \times 8 = 40320,$$

$$40320 \times 9 = 362880, \quad 362880 \times 10 = 3628800$$

となります。10 人の人を 1 列に並べる並べ方は 360 万通り以上ということです。

　並べ方の個数を考えるときは、もっと簡単な場合から考えるのがよいといえます。複雑な問題でも、それを簡単な問題に作りかえて考えるみるのは、問題解決の常套手段の 1 つです。

　3, 2, 1 と書かれた 3 枚のカードを横に並べます。

$$321, \quad 312, \quad 231, \quad 213, \quad 132, \quad 123$$

の 6 通りの並べ方があります。なぜ、6 通りなのかを考えます。1 番目にくるカードが 3 通りあります。2 番目にくるのはそれぞれ 1 番目のカード以外の 2 通りです。3 番目にくるカードはそれぞれ、1 番目と 2 番目のカード以外の 1 通りです。したがって、$3 \times 2 \times 1 = 6$ 通

りになります。

　4, 3, 2, 1 と書かれた 4 枚のカードを横に並べることを考えます。並べ方は、

$$4321, \ 4312, \ 4231, \ 4213, \ 4132, \ 4123,$$

$$3421, \ 3412, \ 3241, \ 3214, \ 3142, \ 3124,$$

$$2431, \ 2413, \ 2341, \ 2314, \ 2143, \ 2134,$$

$$1432, \ 1423, \ 1342, \ 1324, \ 1243, \ 1234$$

だけあります。3 枚の場合と同じように考えると、$4 \times 3 \times 2 \times 1 = 24$ 通りということになります。

　このように考えると、10 人の人を 1 列に並べる並べ方は、

$$10 \times 9 \times 8 \times 7 \times 6 \times 5 \times 4 \times 3 \times 2 \times 1$$

通りということになります。さらに、n 個の異なるものを 1 列に並べる並べ方は、

$$n \times (n-1) \times (n-2) \times \cdots \times 3 \times 2 \times 1$$

通りあるということになります。上の数値を記号 $n!$ で表し、n の**階乗**と読みます。

　10 人の人を 1 列に並べる並べ方が 360 万通り以上もあるように、一般に並べ方は膨大な個数になります。どんな並べ方が良いかを比較する必要があるときなどにおいて、並べ方が膨大な個数であることは、たとえコンピュータを使って処理するとしても大きな困難をもたらします。

問題 2-1　7 枚の絵を 7 つの部屋に飾ろうとするとき、7 枚の絵の部屋への割付は何通りあるでしょう。

2.2 選び方は何通り？

　次に選び出し方が何通りあるかを考えます。簡単な場合から考えることにします。

　1, 2, 3, 4 の数字が書かれた 4 枚のカードの中から、2 枚を選びだす選び出し方が、何通りあるかを考えます。次の表 2.1（24 ページ参照）の一番左の列に選び出し方を書いています。その右の列は選ばれなかったカードです。その右の列に選ばれたカードの並べ方を、さらに、その右の列には、選ばれなかったカードの並べ方です。さらに、一番右の列には、選ばれたカードの並べ方のそれぞれの後ろに、選ばれなかったカードの並べ方をそれぞれつないだ並べ方を書いています。この表では、4 枚のカードから 2 枚のカードの選び方のすべてを書いていますが、それが、N 通りあるとします。選ばれた 2 枚のカードごとの並べ方は 2! 通りあり、選ばれなかったカード 2 枚のカードの並べ方は 2! 通りありますので、それらをつないだ並べ方は 2! × 2! 通りあります。一番右の欄の 4 枚のカードの並べ方を見ると、重複はありませんし、4 枚のカードの並べ方が抜け落ちることなく現れます。したがって、

$$N \times 2! \times 2! = 4!$$

がなりたちます。したがって、

$$N = \frac{4!}{2! \times 2!} = \frac{4 \times 3 \times 2}{2 \times 2} = 6$$

となり、この表に書かれた 4 枚のカードから 2 枚を選び出す出し方の個数と一致しています。

　次に、1, 2, 3, 4, 5 の数字が書かれた 5 枚のカードの中から、3 枚を選びだす選び出し方が、何通りあるかを考えます。同じような表を次に示していますが（25 ページの表 2.2 参照）、今度は、選び方のうちの 3 つだけを書き込んでいるだけで、ほかは省略しています。今度の場合は、選ばれたカードの並べ方は 3! 通りであり、選ば

表 2.1 4 枚のカードから 2 枚を選ぶ

選ばれた カード	選ばれなか ったカード	選ばれたカード の並べ方	選ばれなかった カードの並べ方	つないだ 並べ方
1,2	3,4	12 21	34 43	1234 1243 2134 2143
1,3	2,4	13 31	24 42	1324 1342 3124 3142
1,4	2,3	14 41	23 32	1423 1432 4123 4132
2,3	1,4	23 32	14 41	2314 2341 3214 3241
2,4	1,3	24 42	13 31	2413 2431 4213 4231
3,4	1,2	34 43	12 21	3412 3421 4312 4321

表 2.2　5 枚のカードから 3 枚を選ぶ

選ばれた カード	選ばれなか ったカード	選ばれたカード の並べ方	選ばれなかった カードの並べ方	つないだ 並べ方
1,2,3	4,5	3!通り	2!通り	3!× 2!通り
1,2,4	3,5	3!通り	2!通り	3!× 2!通り
⋮	⋮	⋮	⋮	⋮
⋮	⋮	⋮	⋮	⋮
⋮	⋮	⋮	⋮	⋮
3,4,5	1,2	3!通り	2!通り	3!× 2!通り

れなかったカードの並べ方は 2! 通りですから、それらをつないだ並べ方は 3! × 2! 通りです。

　5 枚のカードから 3 枚を選び出す選び出し方が N 通りあるとすると、表の一番右の並べ方の全体は、5 枚のカードの並べ方の全体と一致します。したがって、

$$N \times 3! \times 2! = 5!$$

がなりたちます。表の一番右の欄には重複も無ければ、抜け落ちもないからです。したがって、

$$N = \frac{5!}{3! \times 2!} = 10$$

となります。実際、

$$1,2,3 \quad 1,2,4 \quad 1,2,5 \quad 1,3,4 \quad 1,3,5$$

$$1,4,5 \quad 2,3,4 \quad 2,3,5 \quad 2,4,5 \quad 3,4,5$$

の 10 通りです。

　同じようにして、n 個の異なるものの中から k 個を選びだす選び出し方は

$$\frac{n!}{k!(n-k)!}$$

通りあることになります。例えば 20 人の中から 10 人を選び出す選び出し方は

$$\frac{20!}{10!\,10!} = 184756$$

通り、つまり、18 万通り以上あるということです。20 人の部員がいるスポーツクラブから、選手の能力などを考慮しないで 10 人の大会出場者を選ぼうとすると、18 万通り以上の選び方があるということです。

問題 2-2 駅伝チームの監督が、たくさんいるチームメンバーの中から、大会出場メンバーの候補 15 人を選びました。大会前日にはその 15 人の中から大会出場メンバー 10 人を選び出す必要があります。何通りの選び出し方があるでしょう。

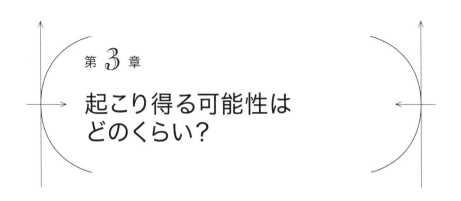

第 3 章
起こり得る可能性はどのくらい？

3.1 サイコロの目の出方は？

　サイコロを振ると 1, 2, 3, 4, 5, 6 のいずれかの目が出ます。しかも、いびつでないサイコロの場合や、いずれかの目が出やすいように細工をされたサイコロ（いかさまサイコロ）ではない場合は、6 つの目のどれも同じような出方をすると考えられます。それぞれの目がでる可能性の程度（確率）は $\frac{1}{6}$ となります。つまり、**確率**とは起こる可能性の程度を表す量です。しかも、起こりえる全体の確率は 1 とします。起こりえる全体の確率は 1 であることと、6 つの目が出る可能性の程度が同じだということが根拠になって確率 $\frac{1}{6}$ が導かれます。ここでは、理想的なサイコロを考えています。理想的なサイコロが計算もしやすく、実際に振った結果とよく合います。もちろん、理想的なサイコロではないことが疑われるときは別です。なお、1 の目が出る確率が $\frac{1}{6}$ であるというのは、6 回振ると、そのうちの 1 回は 1 の目が出るということではなく、600 回振ると 1 の目が出るのは 100 回くらいだという意味での可能性の程度を意味します。

　次に、2 個のサイコロを振ったときの目の出方を考えます。2 個のサイコロを、サイコロ A とサイコロ B と区別します。サイコロ A の目の出方は 1 から 6 までの 6 通りあり、サイコロ B の目の出方も 1 から 6 までの 6 通りありますので、2 個のサイコロの目の出方は表

3.1 に書かれた $6 \times 6 = 36$ 通りあります。これら 36 通りの目の出方の可能性の程度が同じと考えられますので、それぞれの確率は $\frac{1}{36}$ ということになります。

表 **3.1** 2 個のサイコロの 36 通りの目の出方

	サイコロの目											
A	1	1	1	1	1	1	2	2	2	2	2	2
B	1	2	3	4	5	6	1	2	3	4	5	6
A	3	3	3	3	3	3	4	4	4	4	4	4
B	1	2	3	4	5	6	1	2	3	4	5	6
A	5	5	5	5	5	5	6	6	6	6	6	6
B	1	2	3	4	5	6	1	2	3	4	5	6

次に 3 個のサイコロを振ったときの目の出方を考えます。3 個のサイコロを、サイコロ A、サイコロ B、サイコロ C として、次の表 3.2 に目の出方をすべて書き並べています。目の出方で抜け落ちているものはありません。また、この表では目の出方が重複して書かれてもいません。目の出方は $6 \times 6 \times 6 = 216$ 通りあります。サイコロ A が 6 通り、サイコロ B が 6 通り、サイコロ C が 6 通りあるからです。理想的なサイコロの場合ですと、これらの 216 通りの出方は同じだと考えられますので、それぞれの出方の可能性の程度（確率）は $\frac{1}{216}$ となります。

(1) 3 個のサイコロを振ったとき、3 個とも 1 の目がでる可能性の程度を考えます。3 個とも 1 の目がでるというのは、216 通りの中の 1 通りですから、その出方の可能性の程度は $\frac{1}{216} = 0.0046\cdots$ です。つまり、200 回のうちの 1 回くらいです。

(2) 3 個のサイコロを振ったとき、3 個のサイコロのうちの 2 個が 1 の目で、残りの 1 個のサイコロが 1 の目以外が出る可能性の程度を

表 **3.2** 3個のサイコロの 216 通りの目の出方

	サイコロの目											
A	1	1	1	1	1	1	1	1	1	1	1	1
B	1	1	1	1	1	1	2	2	2	2	2	2
C	1	2	3	4	5	6	1	2	3	4	5	6
A	1	1	1	1	1	1	1	1	1	1	1	1
B	3	3	3	3	3	3	4	4	4	4	4	4
C	1	2	3	4	5	6	1	2	3	4	5	6
A	1	1	1	1	1	1	1	1	1	1	1	1
B	5	5	5	5	5	5	6	6	6	6	6	6
C	1	2	3	4	5	6	1	2	3	4	5	6
A	2	2	2	2	2	2	2	2	2	2	2	2
B	1	1	1	1	1	1	2	2	2	2	2	2
C	1	2	3	4	5	6	1	2	3	4	5	6
A	2	2	2	2	2	2	2	2	2	2	2	2
B	3	3	3	3	3	3	4	4	4	4	4	4
C	1	2	3	4	5	6	1	2	3	4	5	6
A	2	2	2	2	2	2	2	2	2	2	2	2
B	5	5	5	5	5	5	6	6	6	6	6	6
C	1	2	3	4	5	6	1	2	3	4	5	6
A	3	3	3	3	3	3	3	3	3	3	3	3
B	1	1	1	1	1	1	2	2	2	2	2	2
C	1	2	3	4	5	6	1	2	3	4	5	6
A	3	3	3	3	3	3	3	3	3	3	3	3
B	3	3	3	3	3	3	4	4	4	4	4	4
C	1	2	3	4	5	6	1	2	3	4	5	6
A	3	3	3	3	3	3	3	3	3	3	3	3
B	5	5	5	5	5	5	6	6	6	6	6	6
C	1	2	3	4	5	6	1	2	3	4	5	6

表 **3.2**（続き）

	サイコロの目											
A	4	4	4	4	4	4	4	4	4	4	4	4
B	1	1	1	1	1	1	2	2	2	2	2	2
C	1	2	3	4	5	6	1	2	3	4	5	6
A	4	4	4	4	4	4	4	4	4	4	4	4
B	3	3	3	3	3	3	4	4	4	4	4	4
C	1	2	3	4	5	6	1	2	3	4	5	6
A	4	4	4	4	4	4	4	4	4	4	4	4
B	5	5	5	5	5	5	6	6	6	6	6	6
C	1	2	3	4	5	6	1	2	3	4	5	6
A	5	5	5	5	5	5	5	5	5	5	5	5
B	1	1	1	1	1	1	2	2	2	2	2	2
C	1	2	3	4	5	6	1	2	3	4	5	6
A	5	5	5	5	5	5	5	5	5	5	5	5
B	3	3	3	3	3	3	4	4	4	4	4	4
C	1	2	3	4	5	6	1	2	3	4	5	6
A	5	5	5	5	5	5	5	5	5	5	5	5
B	5	5	5	5	5	5	6	6	6	6	6	6
C	1	2	3	4	5	6	1	2	3	4	5	6
A	6	6	6	6	6	6	6	6	6	6	6	6
B	1	1	1	1	1	1	2	2	2	2	2	2
C	1	2	3	4	5	6	1	2	3	4	5	6
A	6	6	6	6	6	6	6	6	6	6	6	6
B	3	3	3	3	3	3	4	4	4	4	4	4
C	1	2	3	4	5	6	1	2	3	4	5	6
A	6	6	6	6	6	6	6	6	6	6	6	6
B	5	5	5	5	5	5	6	6	6	6	6	6
C	1	2	3	4	5	6	1	2	3	4	5	6

考えます。それには次の 3 つの場合があります。

1) サイコロ A とサイコロ B が 1 の目で、サイコロ C が 1 の目以外が出る場合。それは 5 通りあります。

2) サイコロ A とサイコロ C が 1 の目で、サイコロ B が 1 の目以外が出る場合。それは 5 通りあります。

3) サイコロ B とサイコロ C が 1 の目で、サイコロ A が 1 の目以外が出る場合。それは 5 通りあります。

以上の 1), 2), 3) を合計すると $5 \times 3 = 15$ 通りです。216 通りの中の 15 通りですから、3 個のサイコロのうちの 2 個が 1 の目で残りの 1 個のサイコロが 1 の目以外が出るがでる可能性の程度は $\dfrac{15}{216} = 0.069444444$ となり、7% くらいです。

(3) 3 個のサイコロを振ったとき、3 個のサイコロのうちの 1 個が 1 の目で残りの 2 個のサイコロが 1 の目以外が出るがでる可能性の程度を考えます。それには次の 3 つの場合があります。

4) サイコロ A が 1 の目で、サイコロ B とサイコロ C が 1 の目以外が出る場合。それは $5 \times 5 = 25$ 通りあります。

5) サイコロ B が 1 の目で、サイコロ A とサイコロ C が 1 の目以外が出る場合。それは $5 \times 5 = 25$ 通りあります。

6) サイコロ C が 1 の目で、サイコロ A とサイコロ B が 1 の目以外が出る場合。それは $5 \times 5 = 25$ 通りあります。

以上の 4), 5), 6) を合計すると $25 \times 3 = 75$ 通りです。216 通りの中の 75 通りですから、3 個のサイコロのうちの 2 個が 1 の目で残りの 1 個のサイコロが 1 の目以外が出るがでる可能性の程度は $\dfrac{75}{216} = 0.347222222$ となり、35% くらいです。

(4) 3 個のサイコロを投げたとき、3 個のサイコロがともに 1 の目以外の目がでる可能性の程度を考えます。それには、サイコロ A が 1 の目でない場合が 5 通り、サイコロ B が 1 の目でない場合が 5 通

り、サイコロ C が 1 の目でない場合が 5 通りありますから、全部で $5 \times 5 \times 5 = 125$ 通りあります。サイコロ 3 個を投げたときの 216 通りのうちの 125 通りが、3 個とも 1 の目でありませんので、その可能性の程度は

$$\frac{125}{216} / = 0.578703703/$$

となり、 58% くらいです。

　サイコロ 3 個を同時に振ったとき、3 個のサイコロのうちの 1 の目が 3 個、2 個、1 個、0 個となる可能性の程度はそれぞれ $\frac{1}{216}, \frac{15}{216}, \frac{75}{216}, \frac{125}{216}$ となりました。これらの確率の合計は

$$\frac{1 + 15 + 75 + 125}{216} = \frac{216}{216} = 1$$

になります。

　確率 $\frac{1}{6}$ は 6 回に 1 回起こるというのではなく、600 回に 100 回くらい起こるというように、確率そのものにあいまいさがあります。そんな確率を考えて何になる、あるいは、理想的なサイコロについて考えて何になるという気持ちをもつ人もいるでしょうが、ぜひ、サイコロを 3 個手に入れて試してみてください。なお、サイコロは 100 円ショップでも買うことができるようです。

問題 3-1　3 個のサイコロを同時に振って、3 個のサイコロのうちの何個が 1 の目であったかを、表 3.3 に正の字などを書いてそれぞれの回数を数えてみてください。少なくとも 300 回くらいは振って記録してください。

表 **3.3**　3 個のサイコロのうち 1 の目の個数と割合

1 の目の個数	正の字を書く欄	回数	割合	確率
3 個				0.005
2 個				0.07
1 個				0.35
0 個				0.58
合計			1	1

　3 個のサイコロを同時に振って「3 個がともに 1 の目になる」こともあったでしょうが、そんなことはなかなか起こらないでしょう。また、振った回数のうち半分より少し多いくらいが「3 個がともに 1 の目でない」ということが起こったでしょう。理想的なサイコロについての計算が実際とかなり合っていることが体験できたでしょう。

　確率の意味そのものにあいまいさがありますが、確率を考えて判断することの意義は、社会においても、学問においても認められています。

3.2　50 人の誕生日は重なるか？

　2 月 29 日が 4 年に 1 回ありますので、誕生日は 366 種類あります。まったく何の情報も知らない人の誕生日を当てることは、366 日のうちの 1 日ですので、当たる可能性は、ほぼ $\dfrac{1}{366}$ となります。1 月生まれだとわかっている人については、1 月 1 日から 1 月 31 日までの誕生日を当てる可能性はほぼ $\dfrac{1}{31}$ となります。

　50 人の人が集まっているとき、その 50 人の中に同じ誕生日をもった 2 人組がいるかという問題を考えます。いる場合もあるでしょう

し、いない場合もあるでしょう。どちらの可能性のほうが大きいでしょうか。

　2 月 29 日が誕生日だという人は少ないでしょうから、少々無理がありますが、366 種類の誕生日に偏りがないと仮定して、50 人の人の中に誕生日が重ならない可能性の程度（確率）を考えます。最初から 50 人を考えるのはやめて、最初は 2 人の人の集まりの誕生日が重ならない可能性の程度を考えます。2 人の人に順番を付けて考えます。2 人の誕生日が重ならないというのは、2 番目の人の誕生日が 1 番目の人の誕生日とは異なる 365 日のいずれかということだから、その可能性の程度は $\dfrac{365}{366}$ ということになります。

　次に 3 人の人の集まりの誕生日が重ならない可能性の程度を考えます。3 人の人に順番を付けて考えます。3 人の人の誕生日が重ならないということは、2 番目の人の誕生日が 1 番目の人の誕生日と重ならなく、しかも、3 番目の人の誕生日が 1 番目の人と 2 番目の人の誕生日を除いた 364 日の中のいずれかということだから、その可能性の程度は

$$\frac{365}{366} \times \frac{364}{366}$$

ということになります。

　次に 4 人の人の集まりの誕生日が重ならない可能性の程度を考えます。4 人の人に順番を付けて考えます。4 人の人の誕生日が重ならないということは、2 番目の人の誕生日が 1 番目の人の誕生日と重ならなく、しかも、3 番目の人の誕生日が 1 番目の人と 2 番目の人の誕生日と重ならなく、さらに、4 番目の人の誕生日が 1 番目、2 番目、3 番目の人の誕生日を除いた 363 日の中のいずれかということだから、その可能性の程度は

$$\frac{365}{366} \times \frac{364}{366} \times \frac{363}{366}$$

ということになります。

同じように考えると、50 人の人の集まりの中に誕生日に重なりが起こらない可能性の程度は

$$\frac{365}{366} \times \frac{364}{366} \times \frac{363}{366} \times \cdots \times \frac{318}{366} \times \frac{317}{366}$$

ということになります。上の $\cdots$ は $\frac{362}{366}$ から $\frac{319}{366}$ までが順に掛けた数が入ることを意味します。これを電卓で計算してみましょう。まず、[AC] キーを押します。366 は何度も押すことになりますので、[3] [6] [6] [M+] と押して電卓に記憶させておきます。次に、[C] キー [3] [6] [5] [÷] [MR] [=] と押しますと、$\frac{365}{366}$ が電卓に表示されます。次に、[×] [3] [6] [4] [÷] [MR] [=] と押しと、$\frac{365}{366} \times \frac{364}{366}$ が電卓に表示されます。36, 37 ページの表 3.4 の各欄に書かれたキーを順位押していきます。ただし、表の計算結果では、電卓の表示の小数点以下 3 桁までしか書かれていません。また、そのすぐ右の欄には 1 からその数値を引いた値が書かれています。

計算の結果は、50 人の中に同じ誕生日の人がいない可能性が 2.9%で、同じ誕生日の人がいる可能性が 97.1%ということになりました。しかも、人数が 23 人以上になると、同じ誕生日の人がいる可能性のほうが、同じ誕生日の人がいない可能性よりも大きいということがわかりました。この計算は誕生日が 1 年 366 日のどの日にも偏りがなく同じだという仮定のもとで計算しました。しかし、2 月 29 日が誕生日である人は少ないといえます。誕生日に偏りがあればあるほど、誕生日の重なりは多くなるはずです。実際、40 人を超すような人が集まっているところで、次々に誕生日を教えてもらっていくと、30 人を超したくらいではなかなか誕生日の重なりが起こりませんが、40 人に近くなると誕生日の重なりが起こり、同じ誕生日の重なりが、2 組、3 組と起こることもあります。誕生日の重なりが起こる可能性の程度については、きちんと計算してみないとわからないことの有名

表 3.4　2 人から 50 人までの集まりで誕生日が重ならない確率 P と同じ誕生日の人がいる確率 $1 - P$ を電卓で計算する。n 人の集まりを調べる場合、初期設定から n までの電卓の操作を順に行うと、n 人の場合の P（誕生日が重ならない確率）が表示される。

人数	電卓の操作 （初期設定） AC 3 6 6 M+	P（電卓の表示）	$1 - P$
2	× 3 6 5 ÷ MR =	0.997	0.003
3	× 3 6 4 ÷ MR =	0.991	0.009
4	× 3 6 3 ÷ MR =	0.983	0.017
5	× 3 6 2 ÷ MR =	0.972	0.028
6	× 3 6 1 ÷ MR =	0.959	0.041
7	× 3 6 0 ÷ MR =	0.943	0.057
8	× 3 5 9 ÷ MR =	0.925	0.075
9	× 3 5 8 ÷ MR =	0.905	0.095
10	× 3 5 7 ÷ MR =	0.883	0.117
11	× 3 5 6 ÷ MR =	0.859	0.141
12	× 3 5 5 ÷ MR =	0.833	0.167
13	× 3 5 4 ÷ MR =	0.806	0.194
14	× 3 5 3 ÷ MR =	0.774	0.226
15	× 3 5 2 ÷ MR =	0.747	0.253
16	× 3 5 1 ÷ MR =	0.717	0.283
17	× 3 5 0 ÷ MR =	0.685	0.315
18	× 3 4 9 ÷ MR =	0.653	0.347
19	× 3 4 8 ÷ MR =	0.621	0.379
20	× 3 4 7 ÷ MR =	0.589	0.411
21	× 3 4 6 ÷ MR =	0.557	0.443
22	× 3 4 5 ÷ MR =	0.525	0.475
23	× 3 4 4 ÷ MR =	0.493	0.507
24	× 3 4 3 ÷ MR =	0.462	0.538
25	× 3 4 2 ÷ MR =	0.432	0.568

表 3.4（続き）

人数	電卓の操作	P（電卓の表示）	$1-P$
26	✕ 3 4 1 ÷ MR =	0.402	0.598
27	✕ 3 4 0 ÷ MR =	0.374	0.626
28	✕ 3 3 9 ÷ MR =	0.346	0.654
29	✕ 3 3 8 ÷ MR =	0.320	0.680
30	✕ 3 3 7 ÷ MR =	0.294	0.706
31	✕ 3 3 6 ÷ MR =	0.270	0.730
32	✕ 3 3 5 ÷ MR =	0.247	0.753
33	✕ 3 3 4 ÷ MR =	0.225	0.775
34	✕ 3 3 3 ÷ MR =	0.205	0.795
35	✕ 3 3 2 ÷ MR =	0.186	0.814
36	✕ 3 3 1 ÷ MR =	0.168	0.832
37	✕ 3 3 0 ÷ MR =	0.152	0.848
38	✕ 3 2 9 ÷ MR =	0.136	0.864
39	✕ 3 2 8 ÷ MR =	0.122	0.878
40	✕ 3 2 7 ÷ MR =	0.109	0.891
41	✕ 3 2 6 ÷ MR =	0.097	0.903
42	✕ 3 2 5 ÷ MR =	0.086	0.914
43	✕ 3 2 4 ÷ MR =	0.076	0.924
44	✕ 3 2 3 ÷ MR =	0.067	0.933
45	✕ 3 2 2 ÷ MR =	0.059	0.941
46	✕ 3 2 1 ÷ MR =	0.052	0.948
47	✕ 3 2 0 ÷ MR =	0.045	0.955
48	✕ 3 1 9 ÷ MR =	0.039	0.961
49	✕ 3 1 8 ÷ MR =	0.034	0.966
50	✕ 3 1 7 ÷ MR =	0.029	0.971

な例です。確率を推量することは容易ではないともいえます。

問題 3-2　誕生月の確率はすべて同じ $\dfrac{1}{12}$ として、次を計算してください。

(1) 6 人の人の中に同じ誕生月の組がいる確率。

(2) 10 人の人がすべて異なる誕生月である確率。

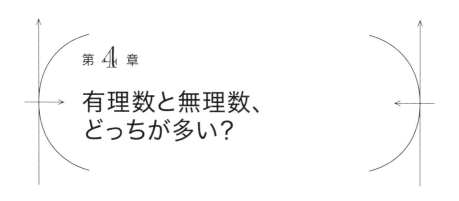

第 **4** 章

有理数と無理数、
どっちが多い?

　有理数は無限にたくさんあります。無理数も無限にたくさんあります。この章では、有理数の全体には番号を振ることができるのに、無理数の全体には番号を振ることができないことを示すことにより、このような意味において、無理数の全体は有理数の全体よりも多いことを示します。有理数の全体、無理数の全体、実数の全体を対象にした議論は、数の深い理解を導くことでしょう。

4.1　有理数は無限循環小数

　自然数とは

$$1, 2, 3, \cdots, n-1, n, n+1, \cdots$$

のことです。**整数**とは

$$\cdots, -n-1, -n, -n+1, \cdots, -2, -1, 0, 1, 2, \cdots, n-1, n, n+1, \cdots$$

のことです。したがって、整数は、自然数と 0 と負の整数からなります。整数の比で表せる数を**有理数**といいます。有理数を小数で表すとある桁数の同じ数が無限に繰り返して現れる**無限循環小数**になります。ただし、ここでは、**有限小数**、例えば、1.5 も 1.5000000 $\cdots$ と 0 が続く無限循環小数だとみなします。

　例えば、有理数 $\dfrac{100}{7}$ を小数で表す計算を考えます。

$$100 \div 7 = 14 \text{ 余り } 2$$
$$20 \div 7 = 2 \quad \text{余り } 6$$
$$60 \div 7 = 8 \quad \text{余り } 4$$
$$40 \div 7 = 5 \quad \text{余り } 5$$
$$50 \div 7 = 7 \quad \text{余り } 1$$
$$10 \div 7 = 1 \quad \text{余り } 3$$
$$30 \div 7 = 4 \quad \text{余り } 2$$

ですから、$\dfrac{100}{7} = 14.285714\cdots$ ですが、最初の余り 2 が再び現れましたので、285714 が繰り返すことになり、

$$\frac{100}{7} = 14.285714285714285714285714\cdots$$

と無限循環小数になります。

　次に、分母が 987 の正の有理数 $\dfrac{m}{987}$ の場合について考えます。この有理数を小数になおすには、自然数 m を 987 で割り、余りを 10 倍した数 (0 を下ろして) を 987 で割り、さらに余りを 10 倍した数を 987 で割るという計算を続けます。987 で割った余りは、$0, 1, 2, 3, 4, \cdots, 986$ の 987 通りしかありませんから、987 回以上の割り算をすれば、同じ余りが現れます。同じ余りが現れると、まったく同じ計算を限りなく繰り返します。つまり、無限循環小数ができます。同じ理由で、どんな有理数も無限循環小数になります。

　逆に無限循環小数は有理数になります。わかりやすさのために、無限循環小数

$$a = 0.657657657657\cdots$$

について考えます。

$$a = 0.657 + 0.000657 + 0.000000657 + 0.000000657 + \cdots$$

$$= 657 \times \left\{ \frac{1}{1000} + \left(\frac{1}{1000}\right)^2 + \left(\frac{1}{1000}\right)^3 + \left(\frac{1}{1000}\right)^4 + \cdots \right\}$$

と表すことができます。ここで、$\left(\frac{1}{1000}\right)^2$ は、$\frac{1}{1000}$ を 2 回かけた

もので $\frac{1}{1000}$ の **2 乗**といいます。同様に $\left(\frac{1}{1000}\right)^3$ は $\frac{1}{1000}$ の **3 乗**、

$\left(\frac{1}{1000}\right)^4$ は $\frac{1}{1000}$ の **4 乗**といいます。さて、話を戻して、上の式の

中括弧の中の 1 乗から n 乗までを抜き出して S_n と名前をつけます。
つまり、

$$S_n = \frac{1}{1000} + \left(\frac{1}{1000}\right)^2 + \left(\frac{1}{1000}\right)^3 + \left(\frac{1}{1000}\right)^4 + \cdots + \left(\frac{1}{1000}\right)^n$$

です。両辺を 1000 倍します。

$$1000 \times S_n = 1 + \frac{1}{1000} + \left(\frac{1}{1000}\right)^2 + \left(\frac{1}{1000}\right)^3 + \cdots + \left(\frac{1}{1000}\right)^{n-1}$$

ですから、下の等式の両辺から上の等式の両辺を引くと、

$$999 S_n = 1 - \left(\frac{1}{1000}\right)^n$$
$$S_n = \frac{1}{999}\left\{ 1 - \left(\frac{1}{1000}\right)^n \right\}$$

となります。n を限りなく大きくすると、S_n は $\frac{1}{999}$ に近づきます。

したがって、$a = \frac{657}{999}$ となります。つまり、a は有理数です。同じよ
うにして、どんな無限循環小数も有理数になることを示すことがで
きます。

問題 4-1 無限循環小数 $b = 0.15151515\cdots$ はどんな分数でしょう。

有理数であることと、無限循環小数で表せることは同じであるとい

うことになりました。例えば、

$$0.101001000100001000001000001\cdots$$

$$0.120121201212120121212120\cdots$$

などは無限循環小数ではありませんから、有理数ではありません。

2乗すると2になる正数 $\sqrt{2}$ は有理数ではありません。なぜなら、$\sqrt{2}$ を有理数だと仮定します。すると、

$$\sqrt{2} = \frac{m}{n} \tag{1}$$

と2つの自然数 m, n を用いて表せることになります。さらに、m と n はどちらも2で割ることができないと仮定することができます。もし、m と n がどちらも2で割ることができれば、2で割り続けてどちらかが2で割れないようにできるからです。

(1) の両辺を2乗します。

$$2 = \frac{m^2}{n^2}$$
$$2n^2 = m^2$$

ですから、m は2で割れます。したがって、$m = 2k$ と自然数 k を用いて表せます。

$$2n^2 = 4k^2$$
$$n^2 = 2k^2$$

となりますから、n は2で割れます。m と n がどちらも2で割れるということになりました。これは仮定に反します。したがって、$\sqrt{2}$ は有理数ではありません。

$\sqrt{3}$ や $\sqrt{5}$ が有理数でないことも、同じように示すことができます。上の結論から、$\sqrt{2} = 1.41421356\cdots$ は無限循環しません。

4.2 有理数の全体には番号を振ることができる

　有理数の全体には番号を振ることができることを示します。それには有理数の全体をグループに分けます。第 1 グループを $\left\{\dfrac{-1}{1}, \dfrac{0}{1}, \dfrac{1}{1}\right\}$ とします。第 2 グループを $\left\{\dfrac{-4}{2}, \dfrac{-3}{2}, \dfrac{-2}{2}, \dfrac{-1}{2}, \dfrac{0}{2}, \dfrac{1}{2}, \dfrac{2}{2}, \dfrac{3}{2}, \dfrac{4}{2}\right\}$ とします。このように定めていくと、第 n グループは

$$\left\{\frac{-n^2}{n}, \frac{-n^2+1}{n}, \cdots, \frac{-2}{n}, \frac{-1}{n}, \frac{0}{n}, \frac{1}{n}, \frac{2}{n}, \cdots, \frac{n^2-1}{n}, \frac{n^2}{n}\right\}$$

となります。つまり、第 n グループは、$-n$ から n までの分母が n である有理数の全体です。このように定めると、すべての有理数はいずれかのグループに属します。例えば、$\dfrac{151}{10}$ は第 10 グループには属しませんが、第 20 グループに属します。$\dfrac{151}{10} = \dfrac{151 \times 2}{20} \leqq 20$ だからです。第 1 グループに属する有理数から順番に 1 番、2 番、3 番と番号を振っていけば、有理数の全体に番号を振ることができることになります。ただし、数として同じ有理数が出てきたときは、その有理数に新たな番号を振らないで飛ばして振ります。

4.3 実数の全体には番号を振ることができない

　小数を用いて書き表せる数を**実数**といいます。無限小数がありますので、書き表せるといっても、その実数のすべての桁の数が定まっているという意味であり、実際に書き表すことができるという意味ではありません。実数の全体には番号を振ることができません。なぜなら、実数の全体に番号を振ることができると仮定します。1 番が振られた実数を $x(1)$ とします。2 番が振られた実数を $x(2)$ とします。n 番が振られた実数を $x(n)$ とします。ただし、例えば、$1.5 = 1.50000000\cdots$ のように、実数はすべて小数以下無限桁まで書き表す

ことにします。番号を振られた実数と異なる実数 $x(\star)$ を次のように
つくります。$x(\star)$ の整数部分は 0 とします。$x(\star)$ の小数第 1 桁は、
$x(1)$ の小数第 1 桁が偶数ならば 1、奇数ならば 2 とします。$x(\star)$ の
小数第 2 桁は、$x(2)$ の小数第 2 桁が偶数ならば 1、奇数ならば 2 とし
ます。$x(\star)$ の小数第 3 桁は、$x(3)$ の小数第 3 桁が偶数ならば 1、奇
数ならば 2 とします。このように、すべての n について、$x(\star)$ の小
数第 n 桁は、$x(n)$ の小数第 n 桁が偶数ならば 1、奇数ならば 2 とし
ます。このようにしてつくった実数 $x(\star)$ は、番号が振られた実数の
どれとも異なります。なぜなら、$x(\star)$ と $x(1)$ は小数第 1 桁が異なり
ます。$x(\star)$ と $x(2)$ は小数第 2 桁が異なります。$x(\star)$ と $x(3)$ は小数
第 3 桁が異なります。すべての n について、$x(\star)$ と $x(n)$ は小数第 n
桁が異なります。このことは、$x(\star)$ は番号づけられた実数のいずれ
とも異なるということです。つまり、すべての実数に番号を振ること
はできないということです。

　上では $x(\star)$ のつくりかたを文章で説明しましたが、もう少し具体
的に説明します。

$$x(1) = 5.35142789\cdots$$
$$x(2) = -1.87415590\cdots$$
$$x(3) = 0.1433256712\cdots$$
$$x(3) = 312.489622367\cdots$$
$$x(4) = -13.194866256\cdots$$
$$x(5) = -0.00984572689\cdots$$
$$\vdots$$

と番号が付けられた数が並んでいるとすると、$x(\star) = 0.22211\cdots$ と
なります。このようにつくった $x(\star)$ は番号づけられたどの数とも異
なります。

4.4 無理数の全体には番号を振ることができない

　有理数でない実数を**無理数**といいます。無理数の全体にも番号を振ることはできません。なぜなら、無理数の全体に番号を振ることができると仮定すると、有理数の全体には番号を振ることができるので、それを利用して実数の全体に番号を振ることができることになります。どういうことかというと、無理数の 1 番を 1 と番号を振り、有理数の 1 番を 2 と番号を振ります。以下、順々に無理数の 2 番を 3、有理数の 2 番を 4、無理数の 3 番を 5、有理数の 3 番を 6、$\cdots$、無理数の n 番を $2n - 1$、有理数の n 番を $2n$ というように、無理数と有理数に交互に番号を振っていくと実数の全体に番号を振ることができることになり、前節の実数の全体には番号を振ることができないという結論に矛盾します。これは、無理数の全体に番号を振ることができると仮定したからです。つまり、無理数の全体に番号を振ることができないということです。

　有理数は無限にあり、無理数も無限にあります。しかし、有理数の全体には番号を振ることができるのに、無理数の全体には番号を振ることができません。このように無限にも程度があり、全体に番号を振ることができるかどうかという意味において、無理数の全体の方が有理数の全体よりも多いということです。

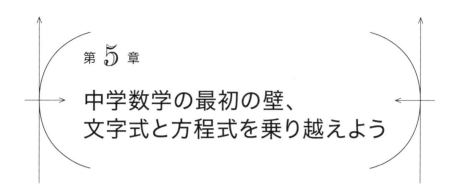

第5章
中学数学の最初の壁、文字式と方程式を乗り越えよう

5.1 一般的な数を文字で表す

まずはじめに、小学校の教科書で見かける次の例を考えてみましょう。

例 ● 半径 5 cm の円の円周の長さは、$2 \times 3.14 \times 5 = 31.4$ cm です。
　● 半径 1 m の円の円周の長さは、$2 \times 3.14 \times 1 = 6.28$ m です。

一般に、半径 r の円の円周の長さは、$2 \times \pi \times r$ です。ここで、π は円周率と呼ばれる無理数です。3.14 は $\pi = 3.1415926\cdots$ の近似値です。

例 ● 縦が 3 cm で横が 2 cm の長方形の面積は、$3 \times 2 = 6$ cm^2 です。
　● 縦が 5m で横が 3m の長方形の面積は、$5 \times 3 = 15$ m^2 です。

一般に、縦の長さが a で横の長さが b の長方形の面積は、ab です。

例 ● 直角を挟む 2 辺の長さが 3 cm と 4 cm の直角三角形の斜辺の長さは 5 cm となり、$3^2 + 4^2 = 5^2$ の関係がなりたっています。
　● 直角を挟む 2 辺の長さが 5 m と 12 m の直角三角形の斜辺の長さは 13 m となり、$5^2 + 12^2 = 13^2$ の関係がなりたっています。
　● 直角を挟む 2 辺の長さが x と y の直角三角形の斜辺の長さを z とすると、$x^2 + y^2 = z^2$ の関係がなりたっています（ピタゴラスの定理）。

　このように、数を一般的に文字で書き表すことがあります。ただし、π のように固定した数を文字を用いて表すこともあります。文字で数を一般的に表すことによって、具体的なものごとだけでなく、一般的なりたつことがらを簡潔に表すことができます。数を一般的に文字で書き表した文字式を用いることは、論理的に考えることを導き、より深い理解を導きます。なお、ほとんどの量について、単位がありますが、数学では多くの場合に単位を省略します。単位を書かない方が見やすいし、必要ならばつけ加えればよいからです。

5.2　数の計算の性質と文字式の計算

　人はさまざまで、感じ方や考え方は多様です。しかし、数の計算は誰が計算しても同じ結果が得られます。**文字式**の文字は数を一般的に表すものですから、文字式の計算においても誰が計算しても同じ結果が得られます。そのためには、文字式の計算においては、数の計算がもっている性質が反映されなければなりません。数の計算がもっている性質といってもそれほど複雑なものではありません。

　まず、足し算から始めます。数式や文字式の中の括弧（　）で挟まれた部分は、その括弧の外側の部分と関係なく計算します。

$$(3+4)+7 = 3+(4+7)$$

がなりたちます。$3+4$ に 7 を加えても、3 に $4+7$ を加えても同じだということです。これは、足し算がいくつかあるとき、計算はどこから始めてもよいということです。したがって、$3+4+7$ と括弧を付けずに書くことができます。また、

$$5+9 = 9+5$$

がなりたちます。これは、足し算はどちらをどちらに加えても同じだということです。さらに、

$$5 - 7 = 5 + (-7),$$
$$3 - (-8) = 3 + 8$$

がなりたちます。これは、引き算は符号に注意すれば、足し算と考えてもよいということです。したがって、足し算と引き算だけからなる計算がいくつかあるときは、その計算順序を考えなく計算してもかまいません。例えば、

$$2 - 3 + 5 - 7 = -3 - 7 + 2 + 5$$

がなりたちます。足し算、引き算に慣れた私たちは、こうした計算をあまり意識しないで行っていますが、文字式においても、足し算と引き算がいくつかあるときは、計算しやすいところから計算してもかまわないということです。次に掛け算です。

$$(3 \times 4) \times 7 = 3 \times (4 \times 7)$$

がなりたちます。これは、掛け算がいくつかあるとき、計算はどこから始めてもよいということです。また、

$$5 \times 9 = 9 \times 5$$

がなりたちます。これは、掛け算もどちらをどちらに掛けても同じだということです。

　割り算で最も大切なことは数 0 では割ることはできないということです。したがって、文字式で割るときは、その文字式が値 0 をとらないとき、という条件を付けて計算する必要があります。

$$5 \div 7 = 5 \times \frac{1}{7}$$

がなりたちます。$\frac{1}{7}$ を 7 の**逆数**といいます。つまり、割り算は逆数をかけることと同じです。したがって、掛け算と割り算だけからなる計算がいくつかあるときは、その計算順序などにこだわる必要はない

ということです。ただし、計算を楽したい気持ちから、

$$2 \div \frac{1}{397} \times 3 \times 397 = 2 \times 3 = 6$$

といった計算をしてはいけません。また、

$$5 \div 7 = 5 \times \frac{1}{7} = \frac{1}{7} \times 5$$
$$= 1 \div 7 \times 5$$

は正しい計算です。つまり、文字式の掛け算と割り算がいくつかあるときは、その計算順序などにこだわる必要はありませんが、文字の前の × や ÷ はつけたまま計算しなければなりません。

　次に、足し算、引き算、掛け算、割り算が混じった計算については、掛け算と割り算の計算を先にするという計算規則があります。例えば、

$$-(-2)^2 - 3^2 = -(-2) \times (-2) - 3 \times 3$$
$$= -4 - 9 = -13$$

と、2乗は同じ数を掛ける掛け算ですから先に計算しなければなりません。したがって、文字式の計算においても、掛け算と割り算を先に計算します。そうした規則がありますので、文字式の掛け算記号 × は省略してもよいことになっています。例えば、文字式 $2axy$ は $2 \times a \times x \times y$ のことです。ただし、$a \times 2 = a2$ としてはいけません。つまり、文字式の数の前の掛け算記号 × は省略できません。

　数 0 と数 1 は特別な数で、

$$x + 0 = 0 + x = x,$$
$$x \times 1 = 1 \times x = x,$$
$$x \times 0 = 0 \times x = 0$$

は、x をどのような文字式に取り換えた場合でもなりたちます。ま

た、掛け算の符号については、

$$(-a)(-b) = (-1) \times a \times (-1) \times b = 1 \times ab = ab,$$
$$(-a)b = (-1) \times a \times b = (-1) \times ab = -ab$$

が、a, b がどのような文字式についてもなりたちます。

　文字式の計算で最も注意が必要なことは括弧（　）をはずす計算です。

$$3 \times (5 + 4) = 3 \times 5 + 3 \times 4$$

がなりたちますので、文字式についても

$$a(x + y) = ax + ay$$

が、a, x, y をどのような文字式に取り換えた場合でもなりたちます。また、

$$(a + b)x = ax + bx$$

が、a, x, y をどのような文字式に取り換えた場合でもなりたちます。これら 2 つの性質を用いると、

$$(a + b)(x + y) = (a + b)x + (a + b)y$$
$$= ax + bx + ay + by$$

と 4 つの項の和になります。

　文字式を知らない時代のことを考えてみてください。上の等式

$$(a + b)(x + y) = ax + bx + ay + by$$

は、次のように長々と説明する必要があります。

　4 つの数があります。第 1 の数と第 2 の数を加えた数に第 3 の数と第 4 の数を加えた数を掛けた数は、第 1 の数と第 3 の数を掛けた数、第 2 の数と第 3 の数を掛けた数、第 1 の数と第 4 の数を掛けた数、第 2 の数と第 4 の数を掛けた数、の 4 つの数を加えた数に等し

くなります。

　文字式は簡潔です。もっと複雑な式を考える気力も湧きます。他人への説明も楽です。

問題 5-1　n を自然数とするとき、$S = a + a^2 + a^3 + \cdots + a^n$ を求めてください。

5.3　1 次式と 2 次式の計算をやってみよう

　$2x + 3$ や $x - 4$ の形をした文字式を x の **1 次式**といいます。$x^2 + 2x - 3$ や $2x^2 - x + 4$ の形をした文字式を x の **2 次式**といいます。x の 1 次式の一般的な形は $ax + b$ です。また、x の 2 次式の一般的な形は $ax^2 + bx + c$ です。ちなみに

$$2x^2 - 3x + 4 = 2 \times x \times x - 3 \times x + 4$$

です。

例題　$2x + 3 + 3x - 2$ を計算してください。
答え　
$$\begin{aligned} 2x + 3 + 3x - 2 &= 2x + 3x + 3 - 2 \\ &= (2 + 3)x + 1 \\ &= 5x + 1 \end{aligned}$$

となります。

例題　$x - 4 + x + 2$ を計算してください。
答え　
$$\begin{aligned} x - 4 + x + 2 &= 1 \times x + 1 \times x - 4 + 2 \\ &= (1 + 1)x - 2 \\ &= 2x - 2 \end{aligned}$$

となります。

例題　$x^2 + 2x - 3 + x^2 - 3x + 2$ を計算してください。

答え　$x^2 + 2x - 3 + x^2 - 3x + 2$

$$= 1 \times x^2 + 1 \times x^2 + 2x - 3x - 3 + 2$$

$$= (1 + 1)x^2 + (2 - 3)x - 1$$

$$= 2x^2 - x - 1$$

となります。

例題　$2x^2 - 2x + 3 - 3x^2 - 3x + 2$ を計算してください。

答え　$2x^2 - 2x + 3 - 3x^2 - 3x + 2 = 2x^2 - 3x^2 - 2x - 3x + 3 + 2$

$$= (2 - 3)x^2 + (-2 - 3)x + 5$$

$$= -x^2 - 5x + 5$$

となります。

例題　$(x + 3)x$ の括弧をはずして計算してください。

答え　$(x + 3)x = x \times x + 3 \times x$

$$= x^2 + 3x$$

となります。

例題　$2x(x - 3)$ の括弧をはずして計算してください。

答え　$2x(x - 3) = 2x \times x - 2x \times 3$

$$= 2x^2 - 6x$$

となります。

例題　$(x + 3)(x + 5)$ の括弧をはずして計算してください。

答え　$(x + 3)(x + 5) = (x + 3) \times x + (x + 3) \times 5$

$$= x \times x + 3 \times x + x \times 5 + 3 \times 5$$

$$= x^2 + (3+5)x + 15$$
$$= x^2 + 8x + 15$$

となります。

$$(x+3)(x+5) = x \times (x+5) + 3 \times (x+5)$$
$$= x \times x + x \times 5 + 3 \times x + 3 \times 5$$
$$= x^2 + (5+3)x + 15$$
$$= x^2 + 8x + 15$$

と計算しても同じです。

例題 $(x-2)(x-4)$ の括弧をはずして計算してください。

答え $(x-2)(x-4) = (x-2) \times x + (x-2) \times (-4)$
$$= x \times x - 2 \times x + x \times (-4) + (-2) \times (-4)$$
$$= x^2 + (-2-4)x + 8$$
$$= x^2 - 6x + 8$$

となります。

例題 $(x+3)(x-4)$ の括弧をはずして計算してください。

答え $(x+3)(x-4) = (x+3) \times x + (x+3) \times (-4)$
$$= x \times x + 3 \times x + x \times (-4) + 3 \times (-4)$$
$$= x^2 + (3-4)x - 12$$
$$= x^2 - x - 12$$

となります。

例題 $(x-2)(x+2)$ の括弧をはずして計算してください。

答え $(x-2)(x+2) = (x-2)x + (x-2) \times 2$

$$= x \times x - 2 \times x + x \times 2 - 2 \times 2$$
$$= x^2 + (-2 + 2)x - 4$$
$$= x^2 - 4$$

となります。

例題　$(2x - 3)(3x + 5)$ の括弧をはずして計算してください。

答え　$(2x - 3)(3x + 5) = (2x - 3) \times 3x + (2x - 3) \times 5$
$$= 2x \times 3x + (-3) \times 3x + 2x \times 5 - 3 \times 5$$
$$= 6x^2 + (-9 + 10)x - 15$$
$$= 6x^2 + x - 15$$

となります。

5.4　1 次方程式とは

　1 次方程式とは、1 次式によって与えられる等式です。その等式をみたす変数の値を解といいます。方程式の変数を**未知数**ともいいます。

例題　1 次方程式 $2x + 1 = 0$ の解を求めてください。

答え　この方程式の両辺に -1 を加えます。

$$2x + 1 + (-1) = -1$$
$$2x = -1$$

が得られます。両辺を 2 で割ります。

$$x = -\frac{1}{2}$$

が得られます。以上のことより、この方程式をみたすのは $x = -\frac{1}{2}$ であることがわかりました。

次に、$x = -\dfrac{1}{2}$ の両辺に 2 をかけます。

$$2x = -1$$

が得られます。この等式の両辺に 1 を加えますと、

$$2x + 1 = 0$$

となり、もとの方程式が得られました。つまり、$x = -\dfrac{1}{2}$ は与えられた方程式をみたすことがわかりました。

　方程式を解くとはその方程式の解をすべて求めることです。したがって、以上によって与えられた 1 次方程式を解いたことになります。しかし、1 次方程式を解くのは、前半だけで十分で、後半は必要ありません。それは、両辺に同じ数を加え、両辺を同じ数で割ることを行うことだけで解いています。両辺に同じ数を加える操作は、その数を両辺から引く操作によって、もとの等式が得られますし、両辺を 0 でない同じ数で割る操作は、その数を両辺にかける操作によってもとの等式が得られます。つまり、方程式がみたすべき数は何でなければならないかということと、そうして得られた数が方程式をみたすということを示すことを同時に行っているからです。

例題　1 次方程式 $3x - 4 = 0$ の解を求めてください。
答え　この方程式の両辺に 4 を加えます。

$$3x = 4$$

が得られます。この等式の両辺を 3 で割ります。

$$x = \dfrac{4}{3}$$

が得られます。前に説明したことより、$x = \dfrac{4}{3}$ は与えられた方程式の解ですし、解はこのほかにありません。なお、この方程式の両辺に

4 を加える操作は、左辺の −4 は符号を変えて右辺に移す操作と同じ
です。これを左辺の −4 を右辺に**移項する**といいます。

例題　1 次方程式 $x + 2 = 2x - 3$ の解を求めてください。
答え　左辺の 2 を右辺に移項し、右辺の $2x$ を左辺に移項します。

$$x - 2x = -3 - 2$$

ですから、

$$-x = -5$$

が得られます。両辺を −1 で割ると、

$$x = 5$$

となり、これが解です。

例題　食品中に含まれる三大栄養素のエネルギーは、炭水化物とタ
ンパク質は 1 g あたり 4 kcal で、脂質は 1 g あたり 9 kcal です。200 g
の三大栄養素によって、1000 kcal のエネルギーを摂取するには、ど
のように摂取したらよいでしょう。
答え　脂質を x g 摂取するとします。脂質 x g によるエネルギーが
$9x$ kcal で、炭水化物とタンパク質あわせて $(200 - x)$ g によるエネル
ギーが $4(200 - x)$ kcal ですから、

$$9x + 4(200 - x) = 1000$$

がなりたちます。この 1 次方程式を解くと、

$$9x + 800 - 4x = 1000$$
$$5x = 200$$

ですから、両辺を 5 で割ると、$x = 40$ を得ます。したがって、脂質
を 40 g 摂取し、残りの 160 g を炭水化物とタンパク質で摂取すると
よいということになります。

例題 5%の食塩水何 g に 10 g の食塩を加えると、7%の食塩水になるでしょう。

答え 5%食塩水を x g とすると、7 %食塩水は $x + 10$ g になり、その中の食塩の量は $0.07(x + 10)$ g になります。その食塩は 5 %の食塩水 x g の中の食塩 $0.05x$ に 10 g を加えたものですから、

$$0.07(x + 10) = 0.05x + 10$$

がなりたちます。この 1 次方程式を解くと、

$$0.07x - 0.05x = 10 - 0.7$$
$$0.02x = 9.3$$

両辺を 0.02 で割ると、$x = 465$ を得ます。したがって、5 %の食塩水 465 g に食塩 10 g を加えると 7%の食塩水になります。

　等式の両辺に同じ数を加えたり、同じ数を掛けたりしても、もとに戻すことができますが、両辺を 2 乗するとそうはいきません。例えば、

$$x = 1$$

の両辺を 2 乗すると、

$$x^2 = 1$$

となりますが、下の等式には $x = -1$ が含まれます。つまり、下の等式から上の等式に戻せないということです。このように等式に対する操作には、もとに戻すことができるものと、もとに戻すことができないものがあります。方程式を解くとは、その方程式をみたす数の全体を求めることであるとともに、解でないものが入り込んでもいけません。したがって、等式の操作において、逆に戻せる操作であるかどうかに注意することが大切です。

5.5　2次方程式とは

2次方程式とは、2次式によって与えられる等式です。その等式をみたす変数の値を**解**といいます。

例題　2次方程式 $x^2 - 5x + 6 = 0$ を解いてください。

答えに入る前に2次方程式の**解の公式**を示しておきます。

2次方程式 $ax^2 + bx + c = 0$ の解は
$$x = \frac{-b \pm \sqrt{b^2 - 4ac}}{2a}$$
である。

答え　2次方程式 $x^2 - 5x + 6 = 0$ に解の公式をもちいると、$a = 1,\ b = -5,\ c = 6$ ですから、

$$x = \frac{-(-5) \pm \sqrt{(-5)^2 - 4 \times 1 \times 6}}{2 \times 1} = \frac{5 \pm \sqrt{1}}{2}$$

となります。$\sqrt{1}$ は2乗すると1になる正の数ですから、1です。したがって、

$$x = \frac{5 \pm 1}{2} = \frac{6}{2},\ \frac{4}{2} = 3,\ 2$$

となります。ここで、$\pm$ はプラスの場合とマイナスの場合の2つの場合を考えるという記号です。まず、プラスの場合の計算した値にコンマ , を付け、次にマイナスの場合の計算した値を書きます。$x = 3$ と $x = 2$ の2つの解があるということです。$x = 3$ のときの検算をすると、$3^2 - 5 \times 3 + 6 = 9 - 15 + 6 = 0$ がなりたっています。次に、$x = 2$ のときの検算をすると、$2^2 - 5 \times 2 + 6 = 4 - 10 + 6 = 0$ がな

りたっています。

この公式を用いるには

$$\sqrt{0} = 0, \qquad \sqrt{1} = 1, \qquad \sqrt{4} = 2, \qquad \sqrt{9} = 3,$$
$$\sqrt{16} = 4, \qquad \sqrt{25} = 5, \qquad \sqrt{36} = 6, \qquad \sqrt{49} = 7,$$
$$\sqrt{64} = 8, \qquad \sqrt{81} = 9, \qquad \sqrt{100} = 10, \quad \sqrt{121} = 11,$$
$$\sqrt{144} = 12, \quad \sqrt{169} = 13, \quad \sqrt{196} = 14, \quad \sqrt{225} = 15$$

などのルート $\sqrt{}$ の計算が必要です。ルートを計算できる電卓もあります。

例題　2次方程式 $x^2 + 4x + 4 = 0$ を解いてください。

答え　この2次方程式は、$a = 1$, $b = 4$, $c = 4$ ですから、公式を適用すると、

$$x = \frac{-4 \pm \sqrt{4^2 - 4 \times 1 \times 4}}{2 \times 1}$$
$$= \frac{-4 \pm \sqrt{0}}{2} = \frac{-4 \pm 0}{2}$$
$$= \frac{-4}{2} = -2$$

となります。解が1つになりました。

例題　縦 7 m、横 9 m の長方形の土地に、周囲を同じ幅の歩道で囲った面積が 35 m^2 の長方形の花壇をつくるには、歩道を何mの幅にするとよいでしょう。

答え　歩道の幅を x m とすると、花壇は縦 $(7 - 2x)$ m、横 $(9 - 2x)$ m の長方形になるので、面積は $(7 - 2x)(9 - 2x) = 35$ となります。この2次方程式を解くと、

$$4x^2 - 32x + 63 = 35$$

$$4x^2 - 32x + 28 = 0$$
$$x^2 - 8x + 7 = 0$$
$$x = \frac{+8 \pm \sqrt{64 - 4 \times 1 \times 7}}{2 \times 1}$$
$$= \frac{8 \pm \sqrt{36}}{2} = \frac{8 \pm 6}{2}$$
$$= 7,\ 1$$

となります。7 m の幅の歩道をとることはできませんので、歩道の幅は 1 m ということになります。歩道の幅 x は 2 次方程式 $(7-2x)(9-2x) = 35$ をみたすということであって、この 2 次方程式の解が歩道の幅であるということではなかったからです。

　2 次方程式の解がわかると、次の公式がなりたちます。

---

2 次方程式 $ax^2 + bx^2 + c = 0$ の解が、$x = A,\ x = B$ であるとき、

$$ax^2 + bx + c = a(x - A)(x - B)$$

がなりたつ。

　なぜなら、

$$A = \frac{-b + \sqrt{b^2 - 4ac}}{2a}, \qquad B = \frac{-b - \sqrt{b^2 - 4ac}}{2a}$$

とします。つまり、$x = A$ と $x = B$ は 2 次方程式 $ax^2 + bx + c = 0$ $(a \neq 0)$ の解です。

$$A + B = \frac{-b + \sqrt{b^2 - 4ac}}{2a} + \frac{-b - \sqrt{b^2 - 4ac}}{2a}$$
$$= \frac{-2b}{2a} = -\frac{b}{a}$$

$$AB = \frac{-b + \sqrt{b^2 - 4ac}}{2a} \times \frac{-b - \sqrt{b^2 - 4ac}}{2a}$$
$$= \frac{1}{4a^2}\{(-b)^2 - (\sqrt{b^2 - 4ac})^2\}$$
$$= \frac{1}{4a^2}\{b^2 - (b^2 - 4ac)\} = \frac{1}{4a^2} \times 4ac$$
$$= \frac{c}{a}$$

がなりたちますから、

$$a(x - A)(x - B) = a\{x^2 - (A + B)x + AB\}$$
$$= a\left\{x^2 + \frac{b}{a}x + \frac{c}{a}\right\}$$
$$= ax^2 + bx + c$$

となり、等式 $ax^2 + bx + c = a(x - A)(x - B)$ がなりたちました。

x についての2次式が2つの x についての1次式の積（掛け算）で表すことを、2次式の**因数分解**といいます。

例題　2次式 $x^2 + 5x + 6$ を因数分解してください。
答え　まず、2次方程式 $x^2 + 5x + 6 = 0$ の解を求めます。$a = 1$, $b = -5$, $c = 6$ ですから、解の公式より、

$$x = \frac{-5 \pm \sqrt{5^2 - 4 \times 1 \times 6}}{2 \times 1}$$
$$= \frac{-5 \pm \sqrt{1}}{2} = \frac{-4}{2}, \frac{-6}{2}$$
$$= -2, -3$$

$x = -2$ と $x = -3$ が解ですから、上の公式より、

$$x^2 + 5x + 6 = (x + 2)(x + 3)$$

と因数分解されます。検算すると、

$$(x+2)(x+3) = (x+2) \times x + (x+2) \times 3$$
$$= x^2 + 2x + 3x + 6$$
$$= x^2 + 5x + 6$$

ですから、たしかに因数分解の等式はなりたっています。

　因数分解 $x^2 + 5x + 6 = (x+2)(x+3)$ を用いると、2 次方程式 $x^2 + 5x + 6 = 0$ は $(x+2)(x+3) = 0$ となります。これがなりたつのは $x+2 = 0$ のとき、または $x+3 = 0$ のときですから、$x = -2$ と $x = -3$ が解となります。このように、2 次式の因数分解を求めて、それを用いて 2 次方程式の解を求める方法があります。2 次式 $x^2 + 5x + 6$ を因数分解するためには、掛けて 6 で足して 5 となる 2 つの数をみつければよいわけですが、このようなことを考えるのが好きな人もいるようですが、苦手な人もいるようです。しかも、掛けていくら、足していくらの 2 つの数をみつけるのは、小さい整数の場合にしかできません。2 次方程式の解の公式は、どんな係数の場合でも用いることができます。

例題　2 次式 $x^2 - 6x + 9$ を因数分解してください。

答え　掛けて 9 で、加えて 6 になる 2 つの数を求める方法もありますが、2 次方程式 $x^2 - 6x + 9 = 0$ の解を求める方法を採用します。$a = 1,\ b = -6,\ c = 9$ ですから、解の公式より、

$$x = \frac{+6 \pm \sqrt{(-6)^2 - 4 \times 1 \times 9}}{2 \times 1}$$
$$= \frac{6 \pm \sqrt{0}}{2} = \frac{6}{2},\ \frac{6}{2}$$
$$= 3,\ 3$$

$x = 3$ と $x = 3$ が解ですから、因数分解の公式より、

$$x^2 - 6x + 9 = (x-3)(x-3)$$

$$= (x - 3)^2$$

となります。検算をしますと、

$$(x - 3)^2 = (x - 3)(x - 3) = (x - 3) \times x + (x - 3) \times (-3)$$
$$= x^2 - 3x - 3x + 9$$
$$= x^2 - 6x + 9$$

がなりたっています。

例題 2 次式 $x^2 - 9$ を因数分解してください。

答え 掛けて 9 で、加えて 0 になる 2 つの数を求める方法もありますが、2 次方程式 $x^2 - 9 = 0$ の解を求める方法を採用します。$a = 1$, $b = 0$, $c = -9$ ですから、解の公式より、

$$x = \frac{-0 \pm \sqrt{0^2 - 4 \times 1 \times (-9)}}{2 \times 1}$$
$$= \frac{\pm\sqrt{36}}{2} = \frac{6}{2}, \frac{-6}{2}$$
$$= 3, -3$$

$x = 3$ と $x = -3$ が解ですから、因数分解の公式より、

$$x^2 - 9 = (x - 3)(x + 3)$$

となります。検算をすると、

$$(x - 3)(x + 3) = (x - 3) \times x + (x - 3) \times 3$$
$$= x \times x - 3 \times x + x \times 3 - 9$$
$$= x^2 - 3x + 3x - 9$$
$$= x^2 - 9$$

がなりたっています。

$a = 1$ の場合の 2 次式 $x^2 + bx + c$ については、$AB = c$, $A + B = -b$ をみたす、つまり、かけて c、たして $-b$ となる 2 つの数 A, B を求めることにより、因数分解 $x^2 + bx + c = (x - A)(x - B)$ ができます。このことを用いると 2 次方程式 $x^2 + bx + c = 0$ は、$(x - A)(x - B) = 0$ となりますので、解 $x = A$ と $x = B$ を得ることができます。2 次方程式の解を求めて 2 次式の因数分解を求めることもできますし、逆に、2 次式の因数分解を求めて 2 次方程式の解を求めることもできます。

5.6　1 次関数とそのグラフについて

$y = 2x + 2$, $y = \dfrac{1}{2}x - 1$, $y = -x + 1$ などを **1 次関数** といいます。1 次関数の一般的な形は、$y = ax + b$ $(a \neq 0)$ です。関数は、x がいろいろな値をとるときに y がそれぞれどのような値をとるかをみることに意義があります。

　関数が与えられると座標平面の上にグラフを描くことができます。**座標平面** とは、x 軸と呼ばれる目盛りが付いた直線と、y 軸と呼ばれる目盛りが付いた直線が直角に交わったものです。その交わった点を原点といい、目盛りを 0 とします。

　例えば、x 軸上の目盛り 1 の点から y 軸に平行に引いた直線と、y 軸上の目盛り 2 が付いた点から x 軸に平行に引いた直線が交わった点を、座標が $(1, 2)$ の点といいます。座標が $(2, -1)$ の点とは、x 軸上の目盛り 2 の点から y 軸に平行に引いた直線と、y 軸上の目盛り -1 が付いた点から x 軸に平行に引いた直線が交わった点のことです。このように座標平面の上の点には **座標** と呼ばれる 2 つの数の組が決まります。

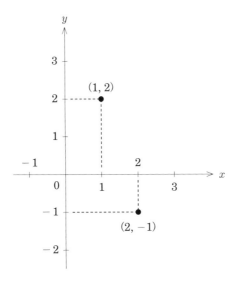

図 5.1 座標平面

例 1次関数 $y = 2x + 1$ のグラフを書きます。まず、x がとるいくつかの値に対応する y の値を表にします（表 5.1 参照）。

表 5.1 関数 $y = 2x + 1$ がとる値の表

x の値	$y = 2x + 1$ の値	座標
$x = -2$	$y = 2 \times (-2) + 1 = -3$	$(-2, -3)$
$x = -1$	$y = 2 \times (-1) + 1 = -1$	$(-1, -1)$
$x = 0$	$y = 2 \times 0 + 1 = 1$	$(0, 1)$
$x = 1$	$y = 2 \times 1 + 1 = 3$	$(1, 3)$
$x = 2$	$y = 2 \times 2 + 1 = 5$	$(2, 5)$

次に、この表で求められた5個の座標

$$(-2, -3), \quad (-1, -1), \quad (0, 1), \quad (1, 3), \quad (2, 5)$$

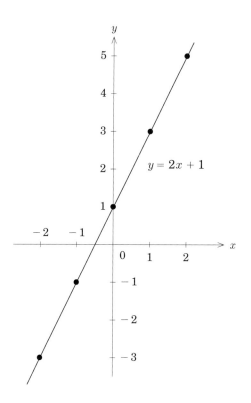

図 **5.2**　1 次関数 $y = 2x + 1$ のグラフ

の点を座標平面に印を付けます。これらの点を順に結びます。直線が描かれました。この直線が 1 次関数 $y = 2x + 1$ のグラフです（図5.2 参照）。

例　1 次関数 $y = \dfrac{1}{2}x + \dfrac{1}{2}$ のグラフを書きます。まず、x がとるいくつかの値に対応する y の値を表にします（表5.2 参照）。

　次に、この表で求められた 5 個の座標

$$(-2, -0.5), \quad (-1, 0), \quad (0, 0.5), \quad (1, 1), \quad (2, 1.5)$$

の点を座標平面に印を付けます。これらの点を順に結びます。直線が

表 **5.2**　関数 $y = \dfrac{1}{2}x + \dfrac{1}{2}$ がとる値の表

x の値	$y = \dfrac{1}{2}x + \dfrac{1}{2}$ の値	座標
$x = -2$	$y = \dfrac{1}{2} \times (-2) + \dfrac{1}{2} = -0.5$	$(-2, -0.5)$
$x = -1$	$y = \dfrac{1}{2} \times (-1) + \dfrac{1}{2} = 0$	$(-1, 0)$
$x = 0$	$y = \dfrac{1}{2} \times 0 + \dfrac{1}{2} = 0.5$	$(0, 0.5)$
$x = 1$	$y = \dfrac{1}{2} \times 1 + \dfrac{1}{2} = 1$	$(1, 1)$
$x = 2$	$y = \dfrac{1}{2} \times 2 + \dfrac{1}{2} = 1.5$	$(2, 1.5)$

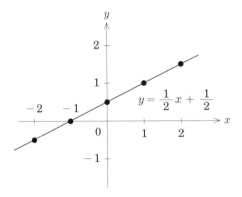

図 **5.3**　1 次関数 $y = \dfrac{1}{2}x + \dfrac{1}{2}$ のグラフ

描かれました。この直線が 1 次関数 $y = \dfrac{1}{2}x + \dfrac{1}{2}$ のグラフです（図 5.3 参照）。

例　1 次関数 $y = -x + 1$ のグラフを書きます。まず、x がとるいくつかの値に対応する y の値を表にします（68 ページ表 5.3 参照）。
　次に、この表で求められた 5 個の座標

表 **5.3**　関数 $y = -x + 1$ がとる値の表

x の値	$y = -x + 1$ の値	座標
$x = -2$	$y = (-1) \times (-2) + 1 = 3$	$(-2, 3)$
$x = -1$	$y = (-1) \times (-1) + 1 = 2$	$(-1, 2)$
$x = 0$	$y = (-1) \times 0 + 1 = 1$	$(0, 1)$
$x - 1$	$y = (-1) \times 1 + 1 = 0$	$(1, 0)$
$x = 2$	$y = (-1) \times 2 + 1 = -1$	$(2, -1)$

$$(-2, 3), \quad (-1, 2), \quad (0, 1), \quad (1, 0), \quad (2, -1)$$

の点を座標平面に印を付けます。これらの点を順に結びます。直線が描かれました。この直線が 1 次関数 $y = -x + 1$ のグラフです（図 5.4 参照）。

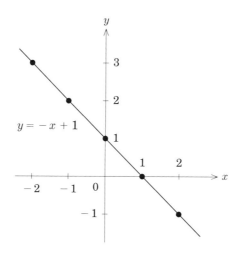

図 **5.4**　1 次関数 $y = -x + 1$ のグラフ

　3 つの 1 次関数のグラフはいずれも直線になりました。

　1 次関数 $y = ax + b$ のグラフはすべて直線になります。1 次関数 $y = ax + b$ の a をこの **1 次関数の傾き**、あるいは、この 1 次関数が表す**直線の傾き**といいます。1 次関数 $y = ax + b$ の $x = c$ における値は $y = ac + b$ であり、$x = d$ における値は $y = ad + b$ です。したがって、$x = c$ から $x = d$ に変化したときの x の変化は $d - c$ であるのに対して、y の変化は $(ad + b) - (ac + b)$ になりますので、x の変化に対する y の変化の割合は、

$$\frac{(ad + b) - (ac + b)}{d - c} = \frac{a(d - c)}{d - c} = a$$

となります。つまり、1 次関数 $y = ax + b$ の傾き a は、x の変化に対する y の変化の割合に一致しています。

　傾き a が正数の 1 次関数のグラフは右上がりの直線になります。傾き a が負数の 1 次関数のグラフは右下がりの直線になります。

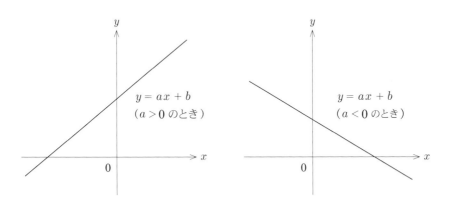

図 **5.5**　1 次関数 $y = ax + b$ のグラフ

5.7 2次関数とそのグラフについて

$y = x^2 - x - 2,\ y = -x^2 + 2x + \dfrac{3}{2}$ などを **2次関数**といいます。2次関数の一般的な形は、$y = ax^2 + bx + c\ (a \neq 0)$ です。2次関数も、x がいろいろな値をとるときに y がそれぞれどのような値をとるかをみることに意義があります。

例 2次関数 $y = x^2 - x - 2$ のグラフを書きます。まず、x がとるいくつかの値に対応する y の値を表にします。

表 5.4 関数 $y = x^2 - x - 2$ がとる値の表

x の値	$y = x^2 - x - 2$ の値	座標
$x = -2$	$y = (-2)^2 - (-2) - 2 = 4$	$(-2, 4)$
$x = -1$	$y = (-1)^2 - (-1) - 2 = 0$	$(-1, 0)$
$x = 0$	$y = 0^2 - 0 - 2 = -2$	$(0, -2)$
$x = 0.5$	$y = 0.5^2 - 0.5 - 2 = -2.25$	$(0.5, -2.25)$
$x = 1$	$y = 1^2 - 1 - 2 = -2$	$(1, -2)$
$x = 2$	$y = 2^2 - 2 - 2 = 0$	$(2, 0)$
$x = 3$	$y = 3^2 - 3 - 2 = 4$	$(3, 4)$

次に、この表で求められた 7 個の座標

$$(-2, 4), \quad (-1, 0), \quad (0, -2), \quad (0.5, -2.25),$$

$$(1, -2), \quad (2, 0), \quad (3, 4)$$

の点を座標平面に印を付けます。これらの点を順に滑らかな線で結びます。この曲線が 2次関数 $y = x^2 - x - 2$ のグラフです（図 5.6 参照）。

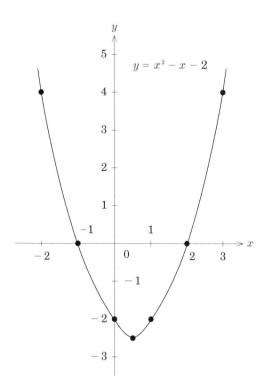

図 **5.6** 2 次関数 $y = x^2 - x - 2$ のグラフ

例 2 次関数 $y = -x^2 + 2x - \dfrac{1}{2}$ のグラフを書きます。まず、x がとるいくつかの値に対応する y の値を表にします（72 ページ表 5.5 参照）。

次に、この表で求められた 5 個の座標

$$(-1, -3.5), \quad (0, -0.5), \quad (1, 0.5), \quad (2, -0.5), \quad (3, -3.5)$$

の点を座標平面に印を付けます。これらの点を順に滑らかな線で結びます。この曲線が 2 次関数 $y = -x^2 + 2x - \dfrac{1}{2}$ のグラフです（72 ページ図 5.7 参照）。

表 5.5 関数 $y = -x^2 + 2x - \dfrac{1}{2}$ がとる値の表

x の値	$y = -x^2 + 2x - \dfrac{1}{2}$ の値	座標
$x = -1$	$y = -(-1)^2 + 2 \times (-1) - 0.5 = -3.5$	$(-1, -3.5)$
$x = 0$	$y = -0^2 + 2 \times 0 - 0.5 = -0.5$	$(0, -0.5)$
$x = 1$	$y = -1^2 + 2 \times 1 - 0.5 = 0.5$	$(1, 0.5)$
$x = 2$	$y = -2^2 + 2 \times 2 - 0.5 = -0.5$	$(2, -0.5)$
$x = 3$	$y = -3^2 + 2 \times 3 - 0.5 = -3.5$	$(3, -3.5)$

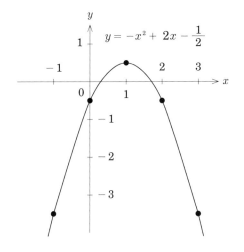

図 5.7 2 次関数 $y = -x^2 + 2x - \dfrac{1}{2}$ のグラフ

　2つの2次関数のグラフの曲線の形は下側が細くなった U 字の形をしていました。2次関数 $y = ax^2 + bx + c \, (a \neq 0)$ のグラフはすべてこの形をしています。この形をした曲線を**放物線**といいます。ボールを斜め上に投げ上げた（放物した）とき描く弧がこの形をしているからです。ただし、a が正数のときは下に凸で、a が負数のときは上に凸になっています。放物線のうち最も重要な点は U 字の形の底にあたる点です。この点を**放物線の頂点**といい、頂点を通る y 軸に平

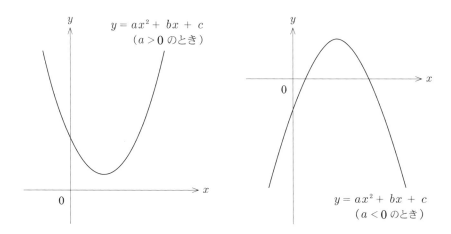

図 **5.8**   2 次関数 $y = ax^2 + bx + c$ のグラフ

行な直線を**放物線の軸**といいます。放物線の頂点が重要なのは、2 次
関数が一番小さな値（**最小値**）あるいは一番大きな値（**最大値**）を
とる点だからです。

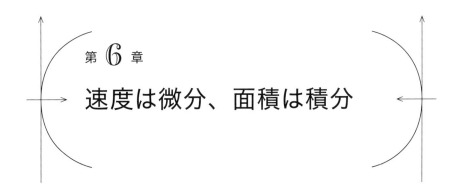

第 **6** 章

速度は微分、面積は積分

6.1 グラフの接線と変化率について

2次関数 $f(x) = x^2$ のグラフを考えます。この関数が定める曲線上の点 P について、点 P を通る直線のなかでこの曲線に最も近い直線、つまり、この曲線に接する直線を点 P における**接線**といいます。接線の傾きによって関数の増加減少の様子がわかります。接線の傾きが

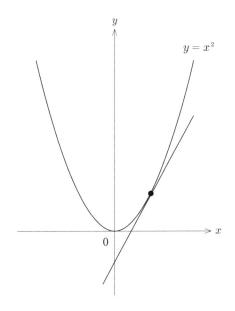

図 **6.1** 点 P における接線

正ならば、曲線はその点で増加の状態にあり、接線の傾きが負なら
ば、曲線はその点で減少の状態にあります。

　では、接線の傾きはどのようにして計算できるでしょう。$x = a$ に
おける関数 $f(x) = x^2$ が定める曲線上の点は (a, a^2) です。$x = a$ よ
り少し離れた $x = t$ における関数 $f(x) = x^2$ が定める曲線上の点は
(t, t^2) です。点 (a, a^2) と点 (t, t^2) を結ぶ直線の傾きは、$f(x)$ の増加
$t^2 - a^2$ の x の増加 $t - a$ に対する割合

$$\frac{t^2 - a^2}{t - a} = \frac{(t - a)(t + a)}{t - a} = t + a$$

です。この割合を $x = a$ から $x = t$ までの関数 $f(x) = x^2$ の**平均変
化率**といいます。平均変化率は一般に t に関係しています。t を a に
近づけると平均変化率 $t + a$ は $2a$ に近づきます。この値 $2a$ は、t が
限りなく a に近いときの変化率だと考えられますので、$x = a$ にお
ける関数 $f(x) = x^2$ の**瞬間変化率**といいます。この瞬間変化率が点
(a, a^2) における接線の傾きです。つまり、接線の傾きは瞬間変化率と
して計算できるわけです。瞬間変化率は、x の変化を 0 に近づけたと
きの平均変化率が近づく値でした（76 ページ図 6.2 参照）。

　関数 $f'(x) = 2x$ の $x = a$ における値は $f'(a) = 2a$ ですから、関数
$f(x) = x^2$ の $x = a$ における瞬間変化率を与えています。したがっ
て、関数 $f'(x) = 2x$ が関数 $f(x) = x^2$ の各 x における瞬間変化率を
与える関数です。このように瞬間変化率を与える関数 $f'(x) = 2x$ を
関数 $f(x) = x^2$ の**導関数**といいます。導関数には $f'(x)$ と関数記号 f
の右上に $'$ を付けます。平均変化率は関数の変化量の x の変化量に対
する割合ですから、瞬間変化率である導関数の値 $f'(x)$ は瞬間変化割
合とでもいえるものです。関数の導関数がわかると、その関数が定
める曲線上の点における接線の傾きがわかります。つまり、関数の増
加減少の様子がわかります。関数 $f(x) = x^2$ の導関数は $f'(x) = 2x$
でしたが、関数 $f(x)$ の導関数を求めたのと同じようにして、次のこ
とを導くことができます。

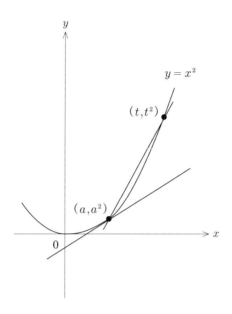

図 **6.2**　平均変化率と瞬間変化率

2 次関数 $f(x) = ax^2 + bx + c$ の導関数は

$$f'(x) = 2ax + b$$

となります。

　関数の導関数を求めることを関数を**微分する**といいます。いろいろな関数を微分して導関数を求めるにはいくらかの訓練が必要ですので、本書では省略します。

例　2 次関数 $f(x) = -x^2 + 3x - 4$ の $x = -2$, $x = 0$ における瞬間変化率を求めます。

　この関数の導関数は $f'(x) = -2x + 3$ ですから、$x = -2$ における瞬間変化率は $f'(-2) = 7$ です。また、$x = 0$ における瞬間変化率は

$f'(0) = 3$ です。

問題 6-1 2 次関数 $f(x) = 3x^2 + 2x + 1$ の $x = -\dfrac{1}{3}$, $x = 0$ における
瞬間変化率を求めてください。

6.2 2 次関数を導関数で調べる

では、具体的に導関数を使って 2 次関数を調べていきましょう。

例 2 次関数 $f(x) = x^2 + 4x + 5$ について調べます。$f(x)$ の導関数
は $f'(x) = 2x + 4 = 2(x + 2)$ です。$f'(-2) = 0$ ですから、次の表が
得られます。

x	$x < -2$ のとき	$x = -2$ のとき	$-2 < x$ のとき
$f'(x)$	$-$	0	$+$
$f(x)$	減少	1	増加

$x < -2$ のとき、$f'(x) < 0$ だから、$f(x)$ は減少し、$-2 < x$ のと
き、$f'(x) > 0$ だから、$f(x)$ は増加します。関数は下に凸で、最小値
$f(-2) = 1 > 0$ です。

例 2 次関数 $f(x) = -2x^2 + 4x + 1$ について調べます。$f(x)$ の導関
数は $f'(x) = -2 \times 2x + 4 = -4(x - 1)$ です。$f'(1) = 0$ ですから、次
の表が得られます。

x	$x < 12$ のとき	$x = 1$ のとき	$1 < x$ のとき
$f'(x)$	$+$	0	$-$
$f(x)$	増加	3	減少

$x < 1$ のとき、$f'(x) > 0$ だから、$f(x)$ は増加し、$1 < x$ のとき、
$f'(x) < 0$ だから、$f(x)$ は減少します。関数は上に凸で、最大値 $f(1) =$

3 です。

2 次関数 $f(x) = ax^2 + bx + c\ (a \neq 0)$ の導関数は 1 次関数 $f'(x) = 2ax + b = 2a\left(x + \dfrac{b}{2a}\right)$ です。$x = -\dfrac{b}{2a}$ のとき導関数の符号が切り替わりますから、これがこの 2 次関数が描く放物線の軸です。

$$f\left(-\frac{b}{2a}\right) = a\left(-\frac{b}{2a}\right)^2 + b\left(-\frac{b}{2a}\right) + c$$
$$= \frac{b^2 - 2b^2}{4a} + c = \frac{-b^2 + 4ac}{4a}$$

ですから、$\left(-\dfrac{b}{2a}, \dfrac{-b^2 + 4ac}{4a}\right)$ がこの放物線の頂点です。したがって、この関数は

$$f(x) = a\left(x + \frac{b}{2a}\right)^2 + \frac{-b^2 + 4ac}{4a}$$

と書き表せます。2 次方程式 $ax^2 + bx + c = 0$ は、

$$a\left(x + \frac{b}{2a}\right)^2 + \frac{-b^2 + 4ac}{4a} = 0$$

と書き表せます。これより、

$$a\left(x + \frac{b}{2a}\right)^2 = \frac{b^2 - 4ac}{4a}$$
$$\left(x + \frac{b}{2a}\right)^2 = \frac{b^2 - 4ac}{4a^2}$$
$$x + \frac{b}{2a} = \pm\sqrt{\frac{b^2 - 4ac}{4a^2}} = \frac{\pm\sqrt{b^2 - 4ac}}{2a}$$
$$x = \frac{-b \pm \sqrt{b^2 - 4ac}}{2a}$$

を得ます。これは 5.5 節の 2 次方程式の解の公式でした。2 次関数や 2 次方程式を導関数を用いて説明しました。もっと一般な関数につい

ても、導関数を用いて調べることができます。

6.3 面積を表す定積分について

　関数 $y = \dfrac{1}{2}x^2$ から定まる曲線と、x 軸と、直線 $x = 1$ と、直線 $x = 3$ の 4 つで囲まれた図形の面積を記号 $\displaystyle\int_1^3 \dfrac{1}{2}x^2 dx$ で表し、**被積分関数** $y = \dfrac{1}{2}x^2$ の積分区間 $[1,3]$ における**定積分**といいます。。

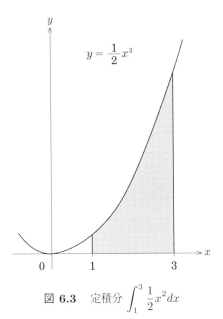

図 **6.3** 定積分 $\displaystyle\int_1^3 \dfrac{1}{2}x^2 dx$

　面積を表す定積分 $\displaystyle\int_1^3 \dfrac{1}{2}x^2 dx$ はどのように定めるかを説明します。積分区間 $[1,3]$ を小さな区間に分けたものを

$$1 = x_0 < x_1 < x_2 < x_3 < \cdots < x_{n-1} < x_n = 3$$

とします。各小区間の右端における関数 $y = \dfrac{1}{2}x^2$ の値にその小区間

の幅をかけた数をすべて加えた数

$$\frac{1}{2}x_1^2(x_1 - x_0) + \frac{1}{2}x_2^2(x_2 - x_1) + \frac{1}{2}x_3^2(x_3 - x_2)$$
$$+ \cdots + \frac{1}{2}x_n^2(x_n - x_{n-1})$$

は棒グラフの面積です。

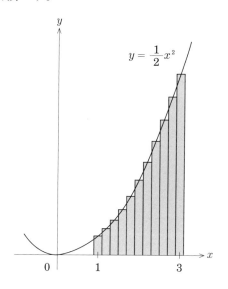

図 **6.4**　棒グラフとその面積

　小区間の個数を増やしながら、すべての小区間の長さを 0 に近づけると、棒グラフの面積はある一定の値に近づくことを示すことができます。そのことをきちんと説明するのは、かなり面倒な手続きが必要ですのでここでは省略しますが、被積分関数が連続である（つながっている）という性質を使います。この一定の値が定積分 $\displaystyle\int_1^3 \frac{1}{2}x^2 dx$ の値です。定積分の記号は、積分区間の各点における被積分関数の値 $\frac{1}{2}x^2$ に、0 に限りなく近い微小区間の長さ dx をかけたものを、記号

$\int$ によって無限に多い x について加え合わせることを意味します。なお、棒グラフの面積を考えるとき、各小区間における右端の関数の値をとりましたが、左端における関数の値をとっても、中間における関数の値をとっても構いません。有限の区間 $[a, b]$ 上で連続な関数 $f(x)$ について定積分 $\int_a^b f(x)dx$ を考えることができます。

さらに、$x = 1$ から x までの定積分を $F(x) = \int_1^x \frac{1}{2}x^2 dx$ とおくと、$F'(x) = \frac{1}{2}x^2$ がなりたつことを示すことができます。つまり、$F(x)$ の導関数が被積分関数 $\frac{1}{2}x^2$ に一致します。関数 $G(x) = \frac{1}{6}x^3$ を考えると、

$$(F(x) - G(x))' = F'(x) - G'(x) = \frac{1}{2}x^2 - \frac{1}{2}x^2 = 0$$

がなりたちます。したがって、$F(x) - G(x)$ は定数です。$F(1) = 0$ ですから、

$$\int_1^3 \frac{1}{2}x^2 dx = F(3) = F(3) - F(1) = G(3) - G(1)$$
$$= \frac{1}{6}3^3 - \frac{1}{6}1^3 = \frac{27 - 1}{6} = \frac{13}{3}$$

と面積（定積分）を計算することができます。一般には、

区間 $[a, b]$ で連続な関数 $y = f(x)$ に対して、関数 $G(x)$ が $G'(x) = f(x)$ をみたすとき、定積分は

$$\int_a^b f(x)dx = G(b) - G(a)$$

によって計算できる。

　関数の値に微小幅 dx をかけて加え合せる定積分によって定まる関数を微分するともとの関数が得られるということですので、定積分と微分は計算においては互いに逆演算になっています。どちらも微小変化を取り扱うものです。こうした微小変化をきちんと議論できるようになったことは、その後の人類の活動の大きな進歩に結びついていきました。

6.4　不定積分とは

　$F'(x) = \dfrac{1}{2}x^2$ をみたす関数 $F(x)$ を関数 $\dfrac{1}{2}x^2$ の**原始関数**といいます。原始関数は定積分を計算するにあたって必要でした。関数 $\dfrac{1}{6}x^3$ は関数 $\dfrac{1}{2}x^2$ の原始関数です。また、C を定数とするとき、関数 $\dfrac{1}{6}x^3 + C$ も関数 $\dfrac{1}{2}x^2$ の原始関数です。関数 $\dfrac{1}{2}x^2$ の原始関数の全体の集合を記号 $\displaystyle\int \dfrac{1}{2}x^2 dx$ で表し、関数 $\dfrac{1}{2}x^2$ の**不定積分**といいます。

$$\int \frac{1}{2}x^2 dx = \frac{1}{6}x^3 + C$$

となります。不定積分は微分方程式を解くときに用いますが、微分方程式は発展的な話題になるので、ここではこれ以上触れません。

6.5　速度と加速度

　数学においては、関数を $y = f(x)$ と変数 x, y を用いて表すことが多いのに、物理学や工学では $x = x(t)$ と変数 t, x を用いて表すことが多いといえます。時刻 (time) t ごとに定まる位置 x を議論することが多いからです。そのとき、$x(t)$ を微分して得られる導関数 $x'(t)$ は時刻 t における**瞬間速度**です。時刻 t における瞬間速度 $x'(t)$ は、

時刻 t から時刻 t' までの平均速度 $\dfrac{x(t') - x(t)}{t' - t}$ の時間幅 $t' - t$ を 0 に近づけたとき近づく値です。平均速度は当たりの量ですから、瞬間速度は瞬間当たりの量ともいえるものです。さらに、導関数 $x'(t)$ を微分して得られる 2 次の導関数 $x''(t)$ は**加速度**と呼ばれるものです。

　高い塔の上から球を落としたとき、t 秒後までに落ちた長さを $x(t)\,\mathrm{m}$ とすると、$x(t) = 4.9t^2$ と、2 次関数で表せます。この関数を微分すると、導関数 $x'(t) = 9.8t$ が得られます。さらに、この導関数を微分すると、$x''(t) = 9.8$ が得られます。この 9.8 は球と地球が引き合う力です。アイザック・ニュートンは、2 つの物体はそれらの重量と距離に関係する力（万有引力）で引きあっていることを発見しました。そのときに微分を発見しました。

　自動車の時刻 t における出発点からの距離を $x(t)$ とします。自動車の速度と普通にいわれているものは、時刻 t における限りなく 0 に近い時間の変化に対する瞬間速度 $x'(t)$ のことです。速度を変えるもとになるエンジンの力やブレーキの力が加速度 $x''(t)$ です。滑らかな運転のためには、加速度 $x''(t)$ を少しずつ上げていきます。それに従って速度 $x'(t)$ が上がっていきます。出発点からの距離 $x(t)$ も大きくなっていきます。自動車を止めるときは、ブレーキを使って、加速度 $x''(t)$ をマイナスにします。すると、速度 $x'(t)$ が下がっていきます。自動車は停止して、出発点からの距離 $x(t)$ は変化しなくなります。時々刻々に加速度を変化させることにより速度を変化させることによって滑らかな運転ができます。

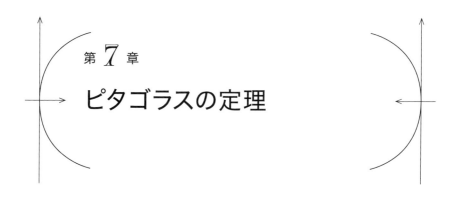

第7章
ピタゴラスの定理

7.1 ピタゴラスの定理

直角三角形の直角を挟む 2 辺の長さを a, b とし、斜辺の長さを c とすると、

$$a^2 + b^2 = c^2$$

がなりたちます。これが**ピタゴラスの定理**と呼ばれるものです。

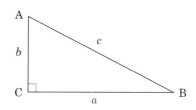

図 **7.1** ピタゴラスの定理

ピタゴラスの定理にはたくさんの証明法があります。その 1 つが次の図 7.2 の面積を使ったものです。辺の長さが $a + b$ の正方形に、直角を挟む 2 辺の長さが a と b の直角三角形 4 個を図のように描きます。それらの斜辺の長さを c とします。三角形の内角の和が 2 直角であることを用いると、図の 1 辺の長さが c の四角形の角はすべて直角になり、正方形になります。

1 辺の長さが c の正方形の面積は、図の全体である 1 辺が $a + b$ の正方形の面積から、4 つの直角三角形の面積を引いたものですから、

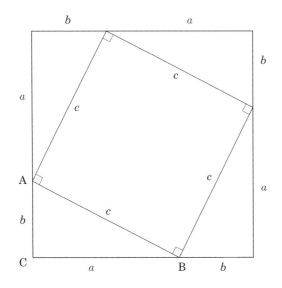

図 **7.2** ピタゴラスの定理の証明

$$c^2 = (a+b)^2 - 4 \times \frac{ab}{2} = a^2 + 2ab + b^2 - 2ab = a^2 + b^2$$

がなりたちます。

　この証明法には、相対性理論で有名なアルベルト・アインシュタインが子供のときに気に入ったそうです。どこが気に入ったのかというと、対象である直角三角形のまったく外側に描いた図によって証明できているからだそうです。そんなところにも感覚を働かすアインシュタインだから、光よりも速いものはないという観測結果を納得するための理論を組み立てることができたのでしょう。

問題 7-1　三角形 ABC の辺の長さが $\overline{\text{AB}} = 5$, $\overline{\text{AC}} = 7$, $\overline{\text{BC}} = 6$ であるとき、頂点 A から辺 BC に引いた垂線の足を D とするとき、線分 AD の長さを求めてください。

7.2　ピタゴラス数

$a^2 + b^2 = c^2$ をみたす自然数の組 a, b, c を**ピタゴラス数**といいます。ピタゴラス数は限りなくたくさん（無限に）存在することを示すことができます。

k を自然数とするとき、$a = 4k,\ b = 4k^2 - 1,\ c = 4k^2 + 1$ はピタゴラス数になっています。なぜなら、

$$a^2 + b^2 = (4k)^2 + (4k^2 - 1)^2$$
$$= 16k^2 + 16k^4 - 8k^2 + 1 = 16k^2 + 8k^2 + 1$$
$$= (4k^2 + 1)^2 = c^2$$

がなりたつからです。$k = 1$ のときは、$a = 4,\ b = 3,\ c = 5$ です。$k = 2$ のときは、$a = 8,\ b = 15,\ c = 17$ です。$k = 3$ のときは、$a = 12,\ b = 35,\ c = 37$ です。$k = 4$ のときは、$a = 16,\ b = 63,\ c = 65$ です。このように、次々に、異なるピタゴラス数を限りなくたくさんつくることができます。

n が 3 以上の自然数のとき、$a^n + b^n = c^n$ をみたす自然数の組 a, b, c は存在しません。このことの証明ができたと、ピエール・ド・フェルマーという数学者が書き残したので、「**フェルマーの最終定理**」と呼ばれています。$n = 2$ のときには無限にあるのに、n が 3 以上となるとまったくないということは数の世界の不思議さを感じさせます。フェルマーの最終定理の完全な証明を得るために、多くの数学者が取り組んできましたが、完全な証明が得られたのは、フェルマーが亡くなって 300 年以上経ってからで、1995 年にアンドリュー・ワイルズという数学者によってでした。証明のためにはたくさんな現代数学の道具が使われているようです。

7.3 ピタゴラスの定理の身近な例としての三角定規

　ピタゴラスの定理に関係するものが身近にあります。それは三角定規です。三角定規には2種類あります。

　1つは、直角を挟む辺の長さが等しい（2等辺三角形）の三角定規です。長さが等しい2辺の長さを1とすれば、斜辺の長さは $\sqrt{2}$ になります。

$$1^2 + 1^2 = (\sqrt{2})^2$$

がなりたつからです。

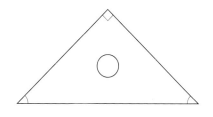

図 **7.3**　三角定規（1）

　もう1つは正三角形を半分に切り分けた形のものです。もとの正三角形の1辺の長さを2とすると、直角を挟む1つの辺の長さは、その半分の1になります。直角を挟むもう1つの辺の長さは $\sqrt{3}$ になります。

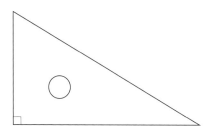

図 **7.4**　三角定規（2）

$$1^2 + (\sqrt{3})^2 = 2^2$$

がなりたつからです。$\sqrt{2} = 1.41421356\cdots$ と $\sqrt{3} = 1.7320508\cdots$ が身近にあるということです。

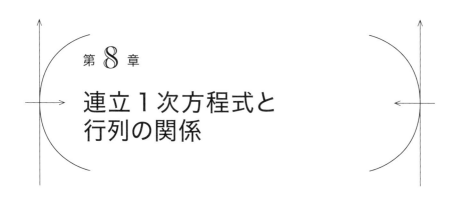

第 8 章

連立 1 次方程式と
行列の関係

この章では 2 次の場合に限定して、大学初学年で学ぶ線形代数というものを紹介します。大学で学ぶと聞くと難しく感じるかもしれませんが、実は、高校で出てきた行列・ベクトルや中学校で学んだ連立 1 次方程式と深い関係があります。その関係を紹介しながら、大学で学ぶ数学の雰囲気を味わっていただこうと思います。

8.1 行列式と連立 1 次方程式の関係

4 つの数や文字式を正方形状に並べて両側から縦棒で挟んだもの、例えば、

$$\begin{vmatrix} 2 & 3 \\ 4 & 5 \end{vmatrix}$$

を **2 次の行列式**といいます。2 次の行列式にはその**値**と呼ばれるものがあり、値は

$$\begin{vmatrix} 2 & 3 \\ 4 & 5 \end{vmatrix} = 2 \times 5 - 3 \times 4 = 10 - 12 = -2$$

によって、計算します。つまり、左上の成分と右下の成分を掛けたものから、右上の成分と左下の成分をかけたものを引いて計算します。一般的に書き表すと、

$$\begin{vmatrix} p & q \\ r & s \end{vmatrix} = p \times s - q \times r$$

です。

2 つの変数 x, y と 2 つの等式からなる、例えば、

$$\begin{cases} 2x + 3y = -5 \\ 3x - 2y = 12 \end{cases}$$

を、x, y を未知数とする**連立 1 次方程式**といいます。この連立 1 次方程式は、行列式を用いることにより、

$$x = \frac{\begin{vmatrix} -5 & 3 \\ 12 & -2 \end{vmatrix}}{\begin{vmatrix} 2 & 3 \\ 3 & -2 \end{vmatrix}} = \frac{(-5) \times (-2) - 3 \times 12}{2 \times (-2) - 3 \times 3}$$

$$= \frac{10 - 36}{-4 - 9} = \frac{-26}{-13} = 2,$$

$$y = \frac{\begin{vmatrix} 2 & -5 \\ 3 & 12 \end{vmatrix}}{\begin{vmatrix} 2 & 3 \\ 3 & -2 \end{vmatrix}} = \frac{2 \times 12 - (-5) \times 3}{2 \times (-2) - 3 \times 3}$$

$$= \frac{24 + 15}{-4 - 9} = \frac{39}{-13} = -3$$

と解を求めることができます。分母はともに、連立 1 次方程式の左辺の係数をそのまま並べた 2 次の行列式、x の分子は分母の 1 列目を連立 1 次方程式の右辺の係数で置き換えた 2 次の行列式、y の分子は分母の 2 列目を連立 1 次方程式の右辺の係数で置き換えた 2 次の行列式です。このことを一般的に書き表すと、次のようなことがいえます。

x, y を未知数とする連立 1 次方程式

$$\begin{cases} ax + by = e \\ cx + dy = f \end{cases}$$

の解は

$$x = \frac{\begin{vmatrix} e & b \\ f & d \end{vmatrix}}{\begin{vmatrix} a & b \\ c & d \end{vmatrix}}, \qquad y = \frac{\begin{vmatrix} a & e \\ c & f \end{vmatrix}}{\begin{vmatrix} a & b \\ c & d \end{vmatrix}}$$

である。ただし、分母が 0 でないときである。

例題 鶴と亀あわせて 11 匹で、足があわせて 34 本あります、鶴は何羽、亀は何匹いるでしょう。

答え 鶴を x 匹、亀を y 匹とすると、$x + y = 11$ がなりたちます。鶴の足の総数は $2x$ 本、亀の足の総数は $4y$ 本ですから、$2x + 4y = 34$ がなりたちます。したがって、連立 1 次方程式

$$\begin{cases} x + y = 11 \\ 2x + 4y = 34 \end{cases}$$

ができます。解は

$$x = \frac{\begin{vmatrix} 11 & 1 \\ 34 & 4 \end{vmatrix}}{\begin{vmatrix} 1 & 1 \\ 2 & 4 \end{vmatrix}} = \frac{11 \times 4 - 1 \times 34}{1 \times 4 - 1 \times 2} = \frac{10}{2} = 5,$$

$$y = \frac{\begin{vmatrix} 1 & 11 \\ 2 & 34 \end{vmatrix}}{\begin{vmatrix} 1 & 1 \\ 2 & 4 \end{vmatrix}} = \frac{1 \times 34 - 11 \times 2}{1 \times 4 - 1 \times 2} = \frac{12}{2} = 6$$

となり、鶴が 5 匹、亀が 6 匹です。

　この方法では、係数が小数の連立 1 次方程式も解くことができます。

例題　5%の食塩水と 9%の食塩水を混ぜて 8%の食塩水 600 g をつくるには 5%の食塩水何 g と 9%の食塩水何 g を混ぜるとよいでしょう。

答え　5%の食塩水を x g と 9%の食塩水を y g を混ぜるとすると、$x + y = 600$ がなりたちます。5%の食塩水の食塩の量は $0.05x$ g ですし、9%の食塩水の食塩の量は $0.09y$ g ですし、9%の食塩水の食塩の量は $0.08 \times 600 = 48$ g ですから、$0.05x + 0.09y = 48$ がなりたちます。したがって、連立 1 次方程式

$$\begin{cases} x + \; y = 600 \\ 0.05x + 0.09y = 48 \end{cases}$$

ができます。解は

$$x = \frac{\begin{vmatrix} 600 & 1 \\ 48 & 0.09 \end{vmatrix}}{\begin{vmatrix} 1 & 1 \\ 0.05 & 0.09 \end{vmatrix}} = \frac{600 \times 0.09 - 1 \times 48}{1 \times 0.09 - 1 \times 0.05} = \frac{6}{0.04} = 150,$$

$$y = \frac{\begin{vmatrix} 1 & 600 \\ 0.05 & 48 \end{vmatrix}}{\begin{vmatrix} 1 & 1 \\ 0.05 & 0.09 \end{vmatrix}} = \frac{1 \times 48 - 600 \times 0.05}{1 \times 0.09 - 1 \times 0.05} = \frac{18}{0.04} = 450$$

となり、5%の食塩水を 150 g と 9%の食塩水を 450 g を混ぜるとよいということになります。

問題 8-1　連立 1 次方程式 $\begin{cases} 3x + 4y = 1 \\ x + 2y = 2 \end{cases}$ を行列式を用いて解いてください。

8.2 連立 1 次方程式と行列

4 つの数または文字式を 2 行 2 列に並べて両側を括弧で挟んだ、例えば、

$$\begin{pmatrix} 2 & -4 \\ -6 & 5 \end{pmatrix}, \qquad \begin{pmatrix} a & b \\ c & d \end{pmatrix}$$

などを **2 × 2 行列**といいます。2 つの数あるいは文字式を縦に並べて両側を括弧で挟んだ、例えば、

$$\begin{pmatrix} 3 \\ -1 \end{pmatrix}, \qquad \begin{pmatrix} x \\ y \end{pmatrix}$$

などを **2 × 1 行列**といいます。行列の中の数や文字式を**行列の成分**といいます。成分がすべて実数である行列を**実行列**といいます。行列は、前に学んだ行列式と名称は似ていますが別物です。

2 × 2 行列と 2 × 1 行列との**行列の積**を考えることができます。それは次によって計算される 2 × 1 行列です。

$$\begin{pmatrix} 2 & -4 \\ -6 & 5 \end{pmatrix}\begin{pmatrix} 3 \\ -1 \end{pmatrix}$$

$$= \begin{pmatrix} 2 \times 3 + (-4) \times (-1) \\ -6 \times 3 + 5 \times (-1) \end{pmatrix} = \begin{pmatrix} 10 \\ -23 \end{pmatrix},$$

$$\begin{pmatrix} a & b \\ c & d \end{pmatrix}\begin{pmatrix} x \\ y \end{pmatrix} = \begin{pmatrix} ax + by \\ cx + dy \end{pmatrix}$$

2 × 2 行列と 2 × 2 行列との**行列の積**を考えることができます。それは次によって計算される 2 × 2 行列です。

$$\begin{pmatrix} 2 & -4 \\ -6 & 5 \end{pmatrix} \begin{pmatrix} 3 & 2 \\ -1 & 3 \end{pmatrix}$$
$$= \begin{pmatrix} 2 \times 3 + (-4) \times (-1) & 2 \times 2 + (-4) \times 3 \\ -6 \times 3 + 5 \times (-1) & -6 \times 2 + 5 \times 3 \end{pmatrix}$$
$$= \begin{pmatrix} 10 & -8 \\ -23 & 3 \end{pmatrix},$$
$$\begin{pmatrix} a & b \\ c & d \end{pmatrix} \begin{pmatrix} p & q \\ r & s \end{pmatrix} = \begin{pmatrix} ap + br & aq + bs \\ cp + dr & cq + ds \end{pmatrix}$$

つまり、積の $(1,1)$ 成分は第 1 行と第 1 列の成分の積の和として、積の $(1,2)$ 成分は第 1 行と第 2 列の成分の積の和として、積の $(2,1)$ 成分は第 2 行と第 1 列の成分の積の和として、積の $(2,2)$ 成分は第 2 行と第 2 列の成分の積の和として、計算します。

　行列の積については注意すべきことがあります。

例　2 つの 2×2 行列を $A = \begin{pmatrix} 0 & 1 \\ -1 & 0 \end{pmatrix}$,　$B = \begin{pmatrix} 0 & 1 \\ 1 & 0 \end{pmatrix}$ とおくと、

$$AB = \begin{pmatrix} 0 & 1 \\ -1 & 0 \end{pmatrix} \begin{pmatrix} 0 & 1 \\ 1 & 0 \end{pmatrix} = \begin{pmatrix} 1 & 0 \\ 0 & -1 \end{pmatrix},$$
$$BA = \begin{pmatrix} 0 & 1 \\ 1 & 0 \end{pmatrix} \begin{pmatrix} 0 & 1 \\ -1 & 0 \end{pmatrix} = \begin{pmatrix} -1 & 0 \\ 0 & 1 \end{pmatrix}$$

となり、AB と BA は一致しません。つまり、行列の積については、数の積の場合のような $AB = BA$ が必ずしもなりたちません。これは歩くとき、まず右を向いて 5 m 進み、次に左を向いて 5 m 進んだ場合と、まず左を向いて 5 m 進み、次に右を向いて 5 m 進んだ場合とでは進んだ先が異なるのと似て、どちらが先かの順序によって異なるということです。

　2×2 行列 $\begin{pmatrix} 1 & 0 \\ 0 & 1 \end{pmatrix}$ を 2×2 **単位行列**といいます。単位行列については、

$$\begin{pmatrix} 1 & 0 \\ 0 & 1 \end{pmatrix} \begin{pmatrix} a & b \\ c & d \end{pmatrix} = \begin{pmatrix} a & b \\ c & d \end{pmatrix},$$

$$\begin{pmatrix} a & b \\ c & d \end{pmatrix} \begin{pmatrix} 1 & 0 \\ 0 & 1 \end{pmatrix} = \begin{pmatrix} a & b \\ c & d \end{pmatrix}$$

となり、どちら側からかけても変わりません。

2×2 行列 A に対して、$BA = \begin{pmatrix} 1 & 0 \\ 0 & 1 \end{pmatrix}$ をみたす 2×2 行列 B を A の**逆行列**といいます。A の逆行列を記号 A^{-1} で表します。

例 $\begin{pmatrix} 2 & -\dfrac{1}{2} \\ -1 & \dfrac{1}{2} \end{pmatrix} \begin{pmatrix} 1 & 1 \\ 2 & 4 \end{pmatrix} = \begin{pmatrix} 1 & 0 \\ 0 & 1 \end{pmatrix}$ がなりたちますから、

$\begin{pmatrix} 2 & -\dfrac{1}{2} \\ -1 & \dfrac{1}{2} \end{pmatrix}$ は $\begin{pmatrix} 1 & 1 \\ 2 & 4 \end{pmatrix}$ の逆行列です。すなわち、

$$\begin{pmatrix} 1 & 1 \\ 2 & 4 \end{pmatrix}^{-1} = \begin{pmatrix} 2 & -\dfrac{1}{2} \\ -1 & \dfrac{1}{2} \end{pmatrix}$$

がなりたちます。

例 連立 1 次方程式

$$\begin{cases} x + y = 9 \\ 2x + 4y = 22 \end{cases}$$

は係数を並べて行列をつくることにより、

$$\begin{pmatrix} 1 & 1 \\ 2 & 4 \end{pmatrix} \begin{pmatrix} x \\ y \end{pmatrix} = \begin{pmatrix} 9 \\ 22 \end{pmatrix}$$

と行列の積を用いて表せます。複数の等式でできた連立 1 次方程式が、行列を用いることによって 1 つの等式で表せるわけです。さらに、この 2×2 行列 $\begin{pmatrix} 1 & 1 \\ 2 & 4 \end{pmatrix}$ の逆行列 $\begin{pmatrix} 2 & -\dfrac{1}{2} \\ -1 & \dfrac{1}{2} \end{pmatrix}$（前例）を両辺の左からかけると、

$$\begin{pmatrix} 2 & -\dfrac{1}{2} \\ -1 & \dfrac{1}{2} \end{pmatrix} \begin{pmatrix} 1 & 1 \\ 2 & 4 \end{pmatrix} \begin{pmatrix} x \\ y \end{pmatrix} = \begin{pmatrix} 2 & -\dfrac{1}{2} \\ -1 & \dfrac{1}{2} \end{pmatrix} \begin{pmatrix} 9 \\ 22 \end{pmatrix}$$

両辺を計算すると、

$$\begin{pmatrix} 1 & 0 \\ 0 & 1 \end{pmatrix} \begin{pmatrix} x \\ y \end{pmatrix} = \begin{pmatrix} 7 \\ 2 \end{pmatrix}$$

となります。左辺を計算すると、$\begin{pmatrix} x \\ y \end{pmatrix} = \begin{pmatrix} 7 \\ 2 \end{pmatrix}$ となり、解が出ました。このように、連立 1 次方程式を行列を用いて表し、逆行列を用いて解くことができました。

2×2 行列 $\begin{pmatrix} a_1 & b_1 \\ a_2 & b_2 \end{pmatrix}$ が $a_1 b_2 - b_1 a_2 \neq 0$ をみたすとき、逆行列は

$$\begin{pmatrix} a_1 & b_1 \\ a_2 & b_2 \end{pmatrix}^{-1} = \frac{1}{a_1 b_2 - b_1 a_2} \begin{pmatrix} b_2 & -b_1 \\ -a_2 & a_1 \end{pmatrix}$$

によって求めることができます。この行列が逆行列になるのは、

$$\frac{1}{a_1 b_2 - b_1 a_2} \begin{pmatrix} b_2 & -b_1 \\ -a_2 & a_1 \end{pmatrix} \begin{pmatrix} a_1 & b_1 \\ a_2 & b_2 \end{pmatrix}$$

$$= \frac{1}{a_1 b_2 - b_1 a_2} \begin{pmatrix} a_1 b_2 - b_1 a_2 & 0 \\ 0 & a_1 b_2 - b_1 a_2 \end{pmatrix}$$

$$= \begin{pmatrix} 1 & 0 \\ 0 & 1 \end{pmatrix}$$

がなりたつからです。

上で与えた 2×2 行列の逆行列を求める式はこのままでは覚えにくいものですが、行列式を用いると、次のようになります。

2×2 行列 $\begin{pmatrix} a_1 & b_1 \\ a_2 & b_2 \end{pmatrix}$ について、2 次の行列式 $\begin{vmatrix} a_1 & b_1 \\ a_2 & b_2 \end{vmatrix}$ の値が 0 でないとき、逆行列は

$$\begin{pmatrix} a_1 & b_1 \\ a_2 & b_2 \end{pmatrix}^{-1} = \frac{1}{\begin{vmatrix} a_1 & b_1 \\ a_2 & b_2 \end{vmatrix}} \begin{pmatrix} \begin{vmatrix} 1 & 0 \\ 0 & b_2 \end{vmatrix} & \begin{vmatrix} 0 & 1 \\ a_2 & 0 \end{vmatrix} \\ \begin{vmatrix} 0 & b_1 \\ 1 & 0 \end{vmatrix} & \begin{vmatrix} a_1 & 0 \\ 0 & 1 \end{vmatrix} \end{pmatrix}^t$$

$$= \frac{1}{a_1 b_2 - b_1 a_2} \begin{pmatrix} b_2 & -b_1 \\ -a_2 & a_1 \end{pmatrix}$$

となる。ここでは行列の右上の記号 t は、行列の行と列を入れ替える操作（**転置**という）を意味する。

例 2×2 行列 $\begin{pmatrix} 1 & -1 \\ 2 & -4 \end{pmatrix}$ の逆行列 $\begin{pmatrix} 1 & -1 \\ 2 & -4 \end{pmatrix}^{-1}$ を求めます。

$$\begin{pmatrix} 1 & -1 \\ 2 & -4 \end{pmatrix}^{-1} = \cfrac{1}{\begin{vmatrix} 1 & -1 \\ 2 & -4 \end{vmatrix}} \left(\begin{array}{cc} \begin{vmatrix} 1 & 0 \\ 0 & -4 \end{vmatrix} & \begin{vmatrix} 0 & 1 \\ 2 & 0 \end{vmatrix} \\ \begin{vmatrix} 0 & -1 \\ 1 & 0 \end{vmatrix} & \begin{vmatrix} 1 & 0 \\ 0 & 1 \end{vmatrix} \end{array} \right)^t$$

$$= \cfrac{1}{1 \times (-4) - (-1) \times 2} \begin{pmatrix} -4 & -2 \\ 1 & 1 \end{pmatrix}^t$$

$$= \frac{1}{-2} \begin{pmatrix} -4 & 1 \\ -2 & 1 \end{pmatrix} = \begin{pmatrix} 2 & -\dfrac{1}{2} \\ 1 & -\dfrac{1}{2} \end{pmatrix}$$

となります。

問題 8-2　行列 $\begin{pmatrix} 3 & 4 \\ 1 & 2 \end{pmatrix}$ の逆行列を求めてください。

問題 8-3　連立 1 次方程式 $\begin{cases} 3x + 4y = 1 \\ x + 2y = 2 \end{cases}$ を逆行列を用いて解いてください。

8.3　数ベクトルとは

　2×1 実行列を **2 次元数ベクトル**といいます。2 次元数ベクトルの和と 2 次元数ベクトルの定数倍を考えることができます。それらはそれぞれ次のものです。

$$\begin{pmatrix} a_1 \\ a_2 \end{pmatrix} + \begin{pmatrix} b_1 \\ b_2 \end{pmatrix} = \begin{pmatrix} a_1 + b_1 \\ a_2 + b_2 \end{pmatrix},$$

$$c \times \begin{pmatrix} a_1 \\ a_2 \end{pmatrix} = \begin{pmatrix} ca_1 \\ ca_2 \end{pmatrix}$$

具体的な例で示すと、

$$\begin{pmatrix} 1 \\ 2 \end{pmatrix} + \begin{pmatrix} 3 \\ -4 \end{pmatrix} = \begin{pmatrix} 4 \\ -2 \end{pmatrix},$$

$$3 \times \begin{pmatrix} -1 \\ 2 \end{pmatrix} = \begin{pmatrix} -3 \\ 6 \end{pmatrix}$$

となります。成分がすべて 0 のベクトル $\begin{pmatrix} 0 \\ 0 \end{pmatrix}$ を**零ベクトル**といいます。

定数項がすべて 0 の連立 1 次方程式

$$\begin{cases} ax + cy = 0 \\ bx + dy = 0 \end{cases}$$

を**斉次連立 1 次方程式**といいます。$x = y = 0$ はこの斉次連立 1 次方程式の解です。細かな計算をするまでもなく解であることがわかる解 $x = y = 0$ を斉次連立 1 次方程式の**自明な解**といいます。問題は自明な解のほかに解があるかどうかです。上の斉次連立 1 次方程式はベクトルを用いると、

$$x \begin{pmatrix} a \\ b \end{pmatrix} + y \begin{pmatrix} c \\ d \end{pmatrix} = \begin{pmatrix} 0 \\ 0 \end{pmatrix}$$

と書き表せます。次のことがなりたちます。

斉次連立 1 次方程式 $\begin{cases} ax + cy = 0 \\ bx + dy = 0 \end{cases}$ に自明な解 $x = y = 0$ のほかに解があるための必要十分条件は、行列式 $\begin{vmatrix} a & c \\ b & d \end{vmatrix}$ の値が 0 であることである。

数学では、「自明な解のほかに解があるならば行列式の値が 0 になる」(必要性) と、「行列式の値が 0 ならば自明な解のほかに解がある」(十分性) を分けて考えます。ここではその 2 つを証明してみましょう。

まず、必要性を証明します。$x = k,\ y = h$ を自明な解 $x = y = 0$ とは異なる解とします。例えば、$k \neq 0$ とします。解であることから、$ka + hc = 0, \quad kb + hd = 0$ がなりたっています。$k \neq 0$ ですから、$a = -\dfrac{hc}{k},\ b = -\dfrac{hd}{k}$ がなりたちますので、

$$\begin{vmatrix} a & c \\ b & d \end{vmatrix} = \begin{vmatrix} -\dfrac{hc}{k} & c \\ -\dfrac{hd}{k} & d \end{vmatrix} = -\dfrac{hc}{k} \times d + c \times \dfrac{hd}{k} = \dfrac{-hcd + chd}{k} = 0$$

がなりたちます。$h \neq 0$ の場合も同じように行列式の値は 0 になります。

次に十分性を証明します。この行列式の値 $ad - bc = 0$ とします。2 つの場合に分けて証明します。

1)　$a,\ b,\ c,\ d$ のうちのどれかが 0 でない場合：例えば、$a \neq 0$ の場合は、

$$\dfrac{c}{a} \begin{pmatrix} a \\ b \end{pmatrix} - 1 \times \begin{pmatrix} c \\ d \end{pmatrix} = \begin{pmatrix} c - c \\ \dfrac{bc}{a} - \dfrac{ad}{a} \end{pmatrix} = \begin{pmatrix} 0 \\ 0 \end{pmatrix}$$

がなりたちますので、$x = \dfrac{c}{a},\ y = -1$ は自明な解 $x = y = 0$ とは異なる解です。$b \neq 0$、$c \neq 0$、$d \neq 0$ の場合もそれぞれ同じように自明な解 $x = y = 0$ とは異なる解があることを示すことができます。

2)　$a = b = c = d = 0$ の場合：

$$1 \times \begin{pmatrix} a \\ b \end{pmatrix} + 1 \times \begin{pmatrix} c \\ d \end{pmatrix} = \begin{pmatrix} 0 \\ 0 \end{pmatrix} + \begin{pmatrix} 0 \\ 0 \end{pmatrix} = \begin{pmatrix} 0 \\ 0 \end{pmatrix}$$

がなりたちますから、$x = y = 1$ は自明な解 $x = y = 0$ とは異なる解です。

　以上により、$ad - bc = 0$ のとき、自明な解 $x = y = 0$ とは異なる解があることを示すことができました。

8.4　行列の固有値・固有ベクトルとは

　2×2 行列の場合に限定して、その固有値と固有ベクトルを説明します。慣例に従って、ギリシャ文字 λ（ラムダと読みます）を用います。

　2×2 行列 $\begin{pmatrix} 3 & 4 \\ 1 & 0 \end{pmatrix}$ と数 λ と零ベクトルではない 2 次元数ベクトル $\begin{pmatrix} x \\ y \end{pmatrix}$ が等式

$$\begin{pmatrix} 3 & 4 \\ 1 & 0 \end{pmatrix} \begin{pmatrix} x \\ y \end{pmatrix} = \lambda \begin{pmatrix} x \\ y \end{pmatrix}$$

をみたすとき、λ を行列 $\begin{pmatrix} 3 & 4 \\ 1 & 0 \end{pmatrix}$ の**固有値**、$\begin{pmatrix} x \\ y \end{pmatrix}$ を行列 $\begin{pmatrix} 3 & 4 \\ 1 & 0 \end{pmatrix}$ の固有値 λ に対する**固有ベクトル**といいます。上の等式は連立 1 次方程式

$$\begin{cases} 3x + 4y = \lambda x \\ 1x + 0y = \lambda y \end{cases} \qquad \text{さらに、} \qquad \begin{cases} (3 - \lambda)x + 4y = 0 \\ 1x + (0 - \lambda)y = 0 \end{cases}$$

と表せます。さらに、ベクトルを用いて、

$$x \begin{pmatrix} 3 - \lambda \\ 1 \end{pmatrix} + y \begin{pmatrix} 4 \\ 0 - \lambda \end{pmatrix} = \begin{pmatrix} 0 \\ 0 \end{pmatrix}$$

と表せます。$\begin{pmatrix} x \\ y \end{pmatrix}$ が固有ベクトルであるというのは、$x = y = 0$ とは異なる解であるということなので、前節で示したことから

$$\begin{vmatrix} 3 - \lambda & 4 \\ 1 & 0 - \lambda \end{vmatrix} = 0$$

をみたさなければなりません。上の等式を行列 $\begin{pmatrix} 3 & 4 \\ 1 & 0 \end{pmatrix}$ の**固有方程式**といいます。固有方程式は

$$(3 - \lambda)(0 - \lambda) - 4 \times 1 = 0$$
$$\lambda^2 - 3\lambda - 4 = 0$$

と 2 次方程式になります。この解は

$$\lambda = \frac{3 \pm \sqrt{3^2 - 4 \times 1 \times (-4)}}{2 \times 1} = \frac{3 \pm \sqrt{25}}{2}$$
$$= \frac{3 \pm 5}{2} = 4, -1$$

ですから、行列 $\begin{pmatrix} 3 & 4 \\ 1 & 0 \end{pmatrix}$ の固有値は 4 と -1 です。固有値 4 に対する固有ベクトルは

$$\begin{pmatrix} 3 & 4 \\ 1 & 0 \end{pmatrix} \begin{pmatrix} x \\ y \end{pmatrix} = 4 \begin{pmatrix} x \\ y \end{pmatrix}$$

をみたすベクトルですから、連立 1 次方程式

$$\begin{cases} 3x + 4y = 4x \\ 1x + 0y = 4y \end{cases}$$

をみたします。$x = 4y$ をみたす x, y はすべてこの連立 1 次方程式を
みたします。したがって、$\begin{pmatrix} x \\ y \end{pmatrix} = \begin{pmatrix} 4y \\ y \end{pmatrix} = y \begin{pmatrix} 4 \\ 1 \end{pmatrix} (y \neq 0)$ が
すべて固有値 4 に対する固有ベクトルになります。同じように固有
値 -1 に対する固有ベクトルを求めると、$y \begin{pmatrix} -1 \\ 1 \end{pmatrix} (y \neq 0)$ のすべ
てが固有値 -1 に対する固有ベクトルになります。

8.5 行列の n 乗を計算する

前節で 2×2 行列 $\begin{pmatrix} 3 & 4 \\ 1 & 0 \end{pmatrix}$ の固有値と固有ベクトルを求めました。
それらを利用してこの行列の n 乗を求めます。固有値のそれぞれにつ
いて固有ベクトルを 1 つずつ定めて並べた行列 $\left(\begin{pmatrix} 4 \\ 1 \end{pmatrix} \begin{pmatrix} -1 \\ 1 \end{pmatrix} \right)$
を考えます。これは行列を成分とする行列です。すると、

$$\begin{pmatrix} 3 & 4 \\ 1 & 0 \end{pmatrix} \left(\begin{pmatrix} 4 \\ 1 \end{pmatrix} \begin{pmatrix} -1 \\ 1 \end{pmatrix} \right)$$

$$= \left(\begin{pmatrix} 3 & 4 \\ 1 & 0 \end{pmatrix} \begin{pmatrix} 4 \\ 1 \end{pmatrix} \begin{pmatrix} 3 & 4 \\ 1 & 0 \end{pmatrix} \begin{pmatrix} -1 \\ 1 \end{pmatrix} \right)$$

$$= \left(4 \times \begin{pmatrix} 4 \\ 1 \end{pmatrix} \quad -1 \times \begin{pmatrix} -1 \\ 1 \end{pmatrix} \right)$$

$$= \left(\begin{pmatrix} 4 \\ 1 \end{pmatrix} \begin{pmatrix} -1 \\ 1 \end{pmatrix} \right) \begin{pmatrix} 4 & 0 \\ 0 & -1 \end{pmatrix}$$

がなりたちます。この等式は、

$$\begin{pmatrix} 3 & 4 \\ 1 & 0 \end{pmatrix} \begin{pmatrix} 4 & -1 \\ 1 & 1 \end{pmatrix} = \begin{pmatrix} 4 & -1 \\ 1 & 1 \end{pmatrix} \begin{pmatrix} 4 & 0 \\ 0 & -1 \end{pmatrix}$$

とも表せます。行列 $\begin{pmatrix} 4 & -1 \\ 1 & 1 \end{pmatrix}$ には逆行列がありますので、上の等式を用いると、

$$\begin{aligned} \begin{pmatrix} 3 & 4 \\ 1 & 0 \end{pmatrix} &= \begin{pmatrix} 3 & 4 \\ 1 & 0 \end{pmatrix} \begin{pmatrix} 1 & 0 \\ 0 & 1 \end{pmatrix} \\ &= \begin{pmatrix} 3 & 4 \\ 1 & 0 \end{pmatrix} \begin{pmatrix} 4 & -1 \\ 1 & 1 \end{pmatrix} \begin{pmatrix} 4 & -1 \\ 1 & 1 \end{pmatrix}^{-1} \\ &= \begin{pmatrix} 4 & -1 \\ 1 & 1 \end{pmatrix} \begin{pmatrix} 4 & 0 \\ 0 & -1 \end{pmatrix} \begin{pmatrix} 4 & -1 \\ 1 & 1 \end{pmatrix}^{-1} \end{aligned}$$

がなりたちます。上の等式を**行列の正則行列による対角化**といいます。最右辺の真ん中の行列は対角線成分以外はすべて 0 になっているからです。**正則行列**とは逆行列を持つ行列のことです。

$$A = \begin{pmatrix} 3 & 4 \\ 1 & 0 \end{pmatrix}, \quad D = \begin{pmatrix} 4 & -1 \\ 1 & 1 \end{pmatrix}, \quad \Lambda = \begin{pmatrix} 4 & 0 \\ 0 & -1 \end{pmatrix}$$

とおくと、行列 A の正則行列による対角化の等式は、

$$A = D\Lambda D^{-1}$$

と表せます。ギリシャ文字ラムダの大文字 Λ を用いて表した行列は対角行列で、D は正則行列です。

これを用いると、

$$A^2 = AA = D\Lambda D^{-1} D\Lambda D^{-1} = D\Lambda^2 D^{-1}$$

が得られますし、さらに、n を自然数とするとき、

$$A^n = D\Lambda^n D^{-1}$$

がなりたちます。$A = \begin{pmatrix} 3 & 4 \\ 1 & 0 \end{pmatrix}$ の場合にこの等式を適用しますと、

$D^{-1} = \begin{pmatrix} \dfrac{1}{5} & \dfrac{1}{5} \\ \dfrac{-1}{5} & \dfrac{4}{5} \end{pmatrix}$ ですから、

$$\begin{pmatrix} 3 & 4 \\ 1 & 0 \end{pmatrix}^n = \begin{pmatrix} 4 & -1 \\ 1 & 1 \end{pmatrix} \begin{pmatrix} 4^n & 0 \\ 0 & (-1)^n \end{pmatrix} \begin{pmatrix} \dfrac{1}{5} & \dfrac{1}{5} \\ \dfrac{-1}{5} & \dfrac{4}{5} \end{pmatrix}$$

$$= \begin{pmatrix} 4^{n+1} & (-1)^{n+1} \\ 4^n & (-1)^n \end{pmatrix} \begin{pmatrix} \dfrac{1}{5} & \dfrac{1}{5} \\ \dfrac{-1}{5} & \dfrac{4}{5} \end{pmatrix}$$

$$= \begin{pmatrix} \dfrac{4^{n+1} + (-1)^{n+2}}{5} & \dfrac{4^{n+1} + 4(-1)^{n+1}}{5} \\ \dfrac{4^n + (-1)^{n+1}}{5} & \dfrac{4^n + 4(-1)^n}{5} \end{pmatrix}$$

が得られます。固有値・固有ベクトルを利用することにより、行列の n 乗の計算ができました。

　正則行列による対角化はすべての 2×2 行列についてできるわけではありません。固有値と固有ベクトルが 1 個だけという 2×2 行列や、固有値が複素数だけという 2×2 行列もあるからです。そのような場合でも行列の n 乗を求める方法があります。

　固有値・固有ベクトルは正方行列（行の個数と列の個数が同じ行列）の特性を表すものですので、さまざまに利用されます。固有値を求めるための固有方程式が、解がたくさんある場合の連立 1 次方程

式に対応していることは興味深いところです。

問題 8-4 a, b, c を実数とするとき、2×2 行列 $\begin{pmatrix} a & b \\ b & c \end{pmatrix}$ の固有値は実数であることを示してください。

8.6 矢線ベクトルとは

座標平面の点 $P = (a_1, a_2)$ から点 $Q = (b_1, b_2)$ へ引いた矢印を、**始点を P とし、終点を Q とする矢線ベクトル**といい、記号 $\overrightarrow{PQ}$ で表します（図 8.1 参照）。また、この矢線ベクトルから定まる 2 次元数ベクトル $\begin{pmatrix} b_1 - a_1 \\ b_2 - a_2 \end{pmatrix}$ を $\overrightarrow{PQ}$ の**成分**といい、2 点 P, Q 間の長さ $\overline{PQ} = \sqrt{(b_1 - a_1)^2 + (b_2 - a_2)^2}$ を $\overrightarrow{PQ}$ の**大きさ**といいます。2 つの矢線ベクトルは成分が等しいとき同じであるとみなします。これは、長さと方向が等しい矢線ベクトル、つまり、平行移動すると重なる矢線ベクトルは同じであるとみなすということです。分数 $\frac{1}{2}$ と分数 $\frac{2}{4}$ は見かけは違っても、同じ数であるように、置かれた位置は違っても長さと方向が等しければ矢線ベクトルとしては同じとするわけです。

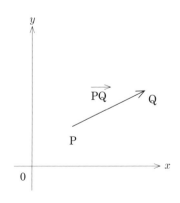

図 **8.1** 座標平面の矢線ベクトル

　矢線ベクトル $\overrightarrow{PQ}$ と矢線ベクトル $\overrightarrow{ST}$ との和 $\overrightarrow{PQ} + \overrightarrow{ST}$ とは、$\overrightarrow{PQ}$ の成分と $\overrightarrow{ST}$ の成分の和を成分とする矢線ベクトルのことです。これは矢線ベクトル $\overrightarrow{ST}$ を始点が Q になるように平行移動させたときの終点を R とするとき、矢線ベクトル $\overrightarrow{PR}$ になります。つまり、$\overrightarrow{PQ} + \overrightarrow{ST} = \overrightarrow{PR}$ です（図 8.2 参照）。また、矢線ベクトル $\overrightarrow{PQ}$ の c 倍 $c\overrightarrow{PQ}$ は、矢線ベクトル $\overrightarrow{PQ}$ の成分の c 倍を成分とする矢線ベクトルのことです。これは矢線ベクトル $\overrightarrow{PQ}$ と向きは同じ（ただし、c が負のときは逆向き）で長さを $|c|$ 倍（$|\ |$ は絶対値。中の数字・文字の符号に関係なく、絶対値は正または 0 になります）した矢線ベクトルになります（108 ページ図 8.3 参照）。

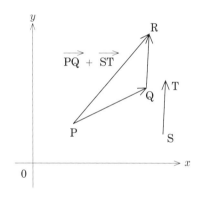

図 **8.2**　矢線ベクトルの和

　座標平面の矢線ベクトルは、2 次元数ベクトルと同じものと考えて良いということです。そのように考えると、矢線ベクトルには向きと大きさがありますので、数ベクトルにも向きと大きさがあるということです。矢線ベクトルは力学において物体の点にかかる力を議論するときに用いられます。そこでは矢線ベクトルの和は合成された力を表します。

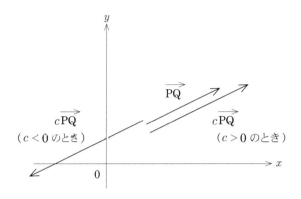

図 **8.3**　矢線ベクトルの定数倍

　零ベクトルとは異なる 2 つの 2 次元数ベクトル $\begin{pmatrix} a \\ b \end{pmatrix}$, $\begin{pmatrix} c \\ d \end{pmatrix}$ を考えます。$\begin{pmatrix} a \\ b \end{pmatrix}$ を成分とし原点を始点とする矢線ベクトルを $\overrightarrow{\mathrm{OP}}$ とし、$\begin{pmatrix} c \\ d \end{pmatrix}$ を成分とし原点を始点とするする矢線ベクトルを $\overrightarrow{\mathrm{OQ}}$ とします。すると、P = (a,b), Q = (c,d) となります。

　線分 OP 上の点を R とすると、R = (ta, tb) と表すことができます。線分 OP と線分 QR が直角に交わる場合を考えます。このとき、ピタゴラスの定理 $\overline{\mathrm{OR}}^2 + \overline{\mathrm{QR}}^2 = \overline{\mathrm{OQ}}^2$ がなりたちますので、$(ta)^2 + (tb)^2 + (ta-c)^2 + (tb-d)^2 = c^2 + d^2$ がなりたち、これより $t = \dfrac{ac+bd}{a^2+b^2}$ が得られます。このとき, $\overline{\mathrm{QR}} = \dfrac{|ad-bc|}{\sqrt{a^2+b^2}}$ となりますので、$\overrightarrow{\mathrm{OP}}$ と $\overrightarrow{\mathrm{OQ}}$ を 2 辺とする**平行四辺形の面積**は

$$\overline{\mathrm{OP}} \times \overline{\mathrm{QR}} = \sqrt{a^2+b^2} \times \frac{|ad-bc|}{\sqrt{a^2+b^2}} = |ad-bc|$$

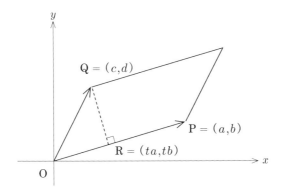

図 8.4 平行四辺形の面積

すなわち、2 次の行列式 $\begin{vmatrix} a & c \\ b & d \end{vmatrix}$ の値の絶対値に一致します。2 次の行列式の値には、その絶対値が平行四辺形の面積になるという意味があったわけです（図 8.4 参照）。

8.7 いよいよ線形代数へ

未知数の個数が多い連立 1 次方程式を考えることができます。科学計算においては、コンピュータを用いて未知数が数百個の連立 1 次方程式を何万回も解くことが行なわれます。そのためには、n 変数の連立 1 次方程式

$$
\begin{cases}
a_{11}x_1 + a_{12}x_2 + \cdots + a_{1n}x_n = b_1 \\
a_{21}x_1 + a_{22}x_2 + \cdots + a_{2n}x_n = b_2 \\
\qquad\qquad\qquad \vdots \qquad\qquad\qquad \vdots \\
a_{n1}x_1 + a_{n2}x_2 + \cdots + a_{nn}x_n = b_n
\end{cases}
$$

についての議論が必要になります。

n 次の行列式

$$
\begin{vmatrix}
a_{11} & a_{12} & \cdots & a_{1n} \\
a_{21} & a_{22} & \cdots & a_{2n} \\
\vdots & \vdots & \ddots & \vdots \\
a_{n1} & a_{n2} & \cdots & a_{nn}
\end{vmatrix}
$$

を考えることができます。それを用いた n 変数の連立 1 次方程式の
解の公式もあります。

　n 変数の連立 1 次方程式は $n \times n$ 行列

$$
\begin{pmatrix}
a_{11} & a_{12} & \cdots & a_{1n} \\
a_{21} & a_{22} & \cdots & a_{2n} \\
\vdots & \vdots & \ddots & \vdots \\
a_{n1} & a_{n2} & \cdots & a_{nn}
\end{pmatrix}
$$

を用いて書き表すことができます。対応する n 次の行列式の値が 0
でないときは、逆行列を考えることもできますので、それを用いて
連立 1 次方程式を解くことができます。

n 次元数ベクトル $\begin{pmatrix} a_1 \\ a_2 \\ \vdots \\ a_n \end{pmatrix}$ を用いて、n 変数の連立 1 次方程式の

解の存在と一意性の議論ができます。未知数の個数と式の個数が異
なる連立 1 次方程式も議論の対象になります。

　行列は多数の因子の間の関係や変化を記述するのに用いられること
が多く、行列式やベクトルを用いて深い議論が行われます。そこでは
行列の固有値や固有ベクトルが活躍します。それらを議論する数学
を**線形代数**といいます。

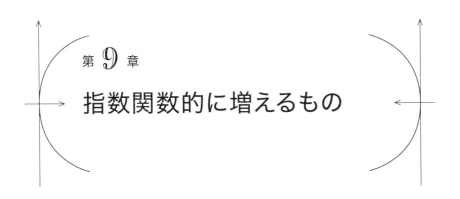

第 9 章

指数関数的に増えるもの

9.1　ねずみ算

　皆さんはねずみ算をご存知でしょうか。ねずみのつがいが 2 匹のねずみを産んで、その子ねずみがそれぞれ 2 匹の孫ねずみを産んで、…という具合に進んでいくとたくさんの数のねずみが産まれますね。このように、2 を次々とかけていくと急速に大きな数になります。ここではそれを数式で表してみましょう。

$$2^1 = 2, \qquad 2^2 = 2 \times 2 = 4,$$
$$2^3 = 4 \times 2 = 8, \qquad 2^4 = 8 \times 2 = 16$$

このくらいは暗算でも計算できますが、引き続く計算がありますので、計算結果を見るだけでなく実際に電卓で計算してみましょう。最初に AC キーを押します。次に 2 × 2 = と押すと 4 が出ます。次に、× 2 = と押すと 8 が出ます。次に、× 2 = と押すと 16 が出ます。× 2 = を次々に押せばよいわけです。さらに続けると、

$$2^5 = 32, \qquad 2^6 = 64, \qquad 2^7 = 128,$$
$$2^8 = 256, \qquad 2^9 = 512, \qquad 2^{10} = 1024$$
$$2^{11} = 2048, \qquad 2^{12} = 4096, \qquad 2^{13} = 8192,$$

$$2^{14} = 16384, \qquad 2^{15} = 32768, \qquad 2^{16} = 65536,$$
$$2^{17} = 131072, \qquad 2^{18} = 262144,$$
$$2^{19} = 524288, \qquad 2^{20} = 1048576, \qquad \cdots$$

となるはずです。2 を 20 回かけた 2^{20} は 100 万を越えました。

　2 を次々にかけていくと急速に大きくなることは、次のように考えるとさらに実感できます。新聞紙を 1 枚もってきて、半分に折ります。さらに、半分に折ります。このように、折る回数を数えながら半分に折り続けてください。何回折ることができましたか？　7 回が限度ではないでしょうか。7 回折ると 64 枚もの紙が重なって厚みがでてくるからです。10 回折ると（実際は折れませんが折れたとして）1000 枚を超えます。1000 枚だと 10 cm くらいの厚さになります。その後さらに、10 回折ると、10 cm の 1000 倍ですので、100 m くらいの高さになります。つまり、新聞紙を 20 回折ると、100 m くらいの高さになるということです。

　読者の皆さんの中には「ねずみ講」という言葉を聞いたことがある人もいるでしょう。ねずみ講と呼ばれるものは、加入金を払って加入した人が、2 人以上の人を加入させると、最初に払った加入金以上の金額を受け取れるという仕組みのものです。加入者がたいへんな熱意をもって加入を誘うために、まるでねずみが増えていくように加入者数が膨れ上がっていきます。しかし、人の数には限りがありますので、多くの被害者を残して破綻します。このようなねずみ講の仕組みを持ったものは法律で禁止されていますが、世界中のあちこちで生まれては被害者をつくって消えているようです。ねずみ講と似たマルチ商法と呼ばれるものもあります。これは、会員が新規会員を誘い、その新規会員がまた会員を誘うという連鎖により、販売組織を拡大していくものです。マルチ商法にも法律による規制があります。しかし、さまざまな形態のものがこっそり生まれては、たくさんな被害者を出して消えていくようです。

　2 の代わりに 1.29 で同じように計算してみてください。

$$1.29^1 = 1.29, \qquad 1.29^2 = 1.6641, \qquad 1.29^3 = 2.146689,$$
$$1.29^4 = 2.769, \qquad 1.29^5 = 3.572, \qquad 1.29^6 = 4.608,$$
$$1.29^7 = 5.944, \qquad 1.29^8 = 7.668,$$
$$1.29^9 = 9.892, \qquad 1.29^{10} = 12.761$$

となります。4乗からは小数点以下3桁までしか書いていません。20年くらい前までは、消費者金融（俗称サラ金）は年利29%でした。複利ですので、借りたお金に利子がついて、1年後には、借りたお金の$1 + 0.29 = 1.29$倍の借金ができます。返すお金がないために、また、貸した側ももうけを考えて返すよう強くは催促しないために、借りたままにしておくと、次の年は借りたお金の

$$1.29 \times 1.29 = 1.6641$$

倍の借金になります。このように6年間がたつと、借りたお金の約4.6倍の借金になります。100万円借りたとすると、6年後の借金は460万円になります。同じように考えると、売り上げが毎年順調に30%ずつ伸びた企業は、10年間で売り上げが10倍を越えることになるわけです。

　一般に、数aをn回掛けたものを記号a^nで表し、aのn乗と読みます。

9.2　指数関数について

　前節では数の自然数乗を説明しましたが、正数aの実数x乗a^xが考えられます。それは、次の4つの性質をみたします。

性質1：$a^x > 0$,

性質2：$a^1 = a$,

性質3：$a^x a^y = a^{x+y}$

性質 **4**：r が x に近づくとき、e^r は e^x に近づく。（連続性）

これらの性質から a^x はどんな数であるかがわかります。

(1)　$a^2 = a \times a,\ a^3 = a \times a \times a$

なぜなら、$a^2 = a^{1+1} = a^1 \times a^1 = a \times a,\ a^3 = a^{2+1} = a^2 \times a^1 = a \times a \times a$ だからです。

(2)　$a^0 = 1$

なぜなら、$a^0 = a^{0+0} = a^0 \times a^0 = (a^0)^2,\ x = x^2$ をみたす正数 x は $x = 1$ だけであるからです。

(3)　$a^{\frac{1}{2}} = \sqrt{a}$

なぜなら、$(a^{\frac{1}{2}})^2 = a^{\frac{1}{2}} \times a^{\frac{1}{2}} = a^{\frac{1}{2}+\frac{1}{2}} = a^1 = a,\ a^{\frac{1}{2}}$ は 2 乗すると a に等しい正数だから、$a^{\frac{1}{2}} = \sqrt{a}$ となります。

(4)　$a^{-x} = \dfrac{1}{a^x}$

なぜなら、$a^{-x}a^x = a^{-x+x} = a^0 = 1$ だから、$a^{-x} = \dfrac{1}{a^x}$ となります。

これらの性質をもちいると、

$$0.1^0 = 1, \qquad 27^{\frac{1}{3}} = 3, \qquad 2^{-3} = \frac{1}{2^3} = \frac{1}{8}$$

となります。

$y = a^x$ を a を底とする**指数関数**といいます。指数関数の値は一般に、手計算はもちろん、電卓でも求めることはできませんが、パソコンをお持ちの方はその中に計算ソフトである Excel（エクセル）が入っていれば、それを用いて近似値を求めることができます。以下に、Excel を使った計算例を紹介します。パソコンをお持ちでない方は、こういうやり方があることを知ってもらえればと思います。

例　$0.1^{-0.1}$ の近似値を Excel を使って求めます。Excel のセルに

「=0.1^(-0.1)」と入力して Enter キーを押すと 1.258925412 が出てきます。したがって、

$$0.1^{-0.1} = 1.258925412$$

です。なお、記号 ^ はキーボードの右上の方にあります。

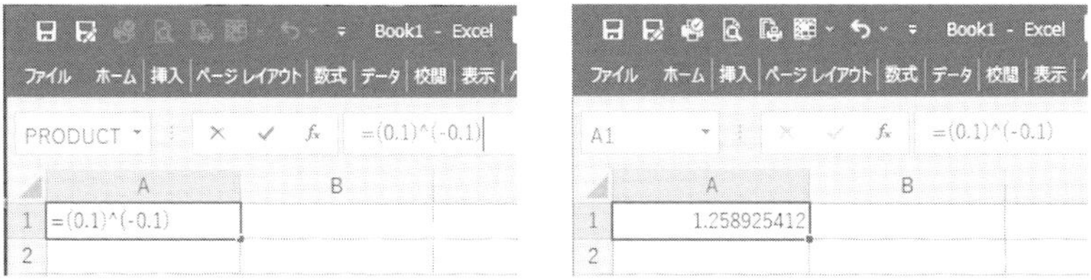

図 9.1　Excel の計算例

問題 9-1　Excel を使って $3.4^{-1.2}$ の近似値を求めてください。

　指数関数は爆発的な現象（火薬、核分裂、核融合、細菌・ウイルス増殖など）の記述に欠かせません。$\left(1+\dfrac{1}{n}\right)^n$ の n を限りなく大きくしたときに近づく数である無理数 $e = 2.718\cdots$ を**ネイピア数**といい、理論科学においては、ネイピア数を底とする指数関数 $y = e^x$ が重要な役割を果たします。この場合の指数関数の導関数は $(e^x)' = e^x$ となります。

9.3　対数について

　$a > 1$ を底とする指数関数 $y = a^x$ のグラフ（116 ページ図 9.2）を見ると、正数 y に対して、$y = a^x$ をみたす実数 x が唯一つ定まります。

　この実数 x は y に関係して定まりますので、記号 $\log_a y$ で表します。$\log_a y$ を a を底とする y の**対数**といいます。$x = \log_a y$ がなりたつとは、$y = a^x$ がなりたつということですので、$\log_a y$ は a を何乗

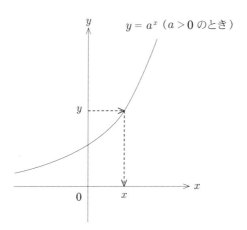

$y = a^x$ $(a > 0$ のとき$)$

図 **9.2**　指数関数 $y = a^x$ $(a > 1$ のとき$)$ のグラフ

したら y になるか、その乗数のことです。

例
- $x = \log_2 8$ とすると、$2^x = 8$ だから、$x = 3$、つまり、$\log_2 8 = 3$ です。

- $x = \log_2 \sqrt{2}$ とすると、$2^x = \sqrt{2}$ だから、$x = \dfrac{1}{2}$、つまり、$\log_2 \dfrac{1}{2} = 0.5$ です。

- $x = \log_2 1$ とすると、$2^x = 1$ だから、$x = 0$、つまり、$\log_2 1 = 0$ です。

- $x = \log_{10} 100$ とすると、$10^x = 100$ だから、$x = 2$、つまり、$\log_{10} 100 = 2$ です。

- $x = \log_{10} 1000$ とすると、$10^x = 1000$ だから、$x = 3$、つまり、$\log_{10} 1000 = 3$ です。

- $x = \log_{10} 10000$ とすると、$10^x = 10000$ だから、$x = 4$、つま り、$\log_{10} 10000 = 4$ です。

- $x = \log_{10} 0.1$ とすると、$10^x = 0.1$ だから、$x = -1$、つまり、$\log_{10} 0.1 = -1$ です。

対数関数の値も指数関数と同様、手計算や電卓で求めることはできませんが、Excel を用いると近似値を求めることができます。

例 対数 $\log_2 0.123$ の近似値を Excel を使って求めます。Excel のセルに「=LOG(0.123,2)」と入力して、Enter キーを押すと、-3.02326978 がでますので、

$$\log_2 0.123 = -3.02326978$$

となります。

問題 9-2 Excel を使って対数 $\log_{0.1} 123$ の近似値を求めてください。

下の表の 1 段目には x の値を、2 段目には $\log_{10} x$ の値を、3 段目にはそれに 1 を加えた値を記入しています。3 段目の $\log_{10} x + 1$ は x の桁数になっています。ただし、$x = 99$ は 2 桁ですが、あと少し大きいと 3 桁になるという意味で 2.9956 桁ということです。逆にみると、$x > 1$ のとき、$\log_{10} x$ はこのような意味での「x の桁数」から 1 を引いた数になっています。$0 < x < 1$ のときは、$\log_{10} x$ は x の小数点以下の桁数になっています。ただし、ここでの桁数は数の大きさを表すもので、何個の数で表せるかという意味ではありません。対数 $\log_{10} x$ はこのような意味のものと考えるとよいでしょう。

x	1	2	9	10	30	99	100	999	1000
$\log_{10} x$	0	0.3010	0.9030	1	1.4771	1.9956	2	2.9996	3
$\log_{10} x + 1$	1	1.3010	1.9030	2	2.4771	2.9956	3	3.9996	4

対数には次の計算規則があります。

$$\log_a xy = \log_a x + \log_a y, \qquad \log_a \frac{x}{y} = \log_a x - \log_a y$$

なぜなら、$\log_a x = z,\ \log_a y = w$ とすると、$a^z = x,\ a^w = y$ だから、

$$xy = a^z a^w = a^{z+w},$$
$$\frac{x}{y} = \frac{a^z}{a^w} = a^{z-w}$$

がなりたち、

$$\log_a xy = z + w = \log_a x + \log_a y,$$
$$\log_a \frac{x}{y} = z - w = \log_a x - \log_a y$$

がなりたちます。

　桁数の多い数の掛け算、割り算の手計算は大変ですが、対数をとって計算すれば足し算、引き算になり楽です。パソコンがない時代は、『丸善 12 桁対数表』を用いて底を 10 とする対数を求めて計算していました。これは太平洋戦争中に、戦時動員の女子学生に手回し計算機で計算させて作った表だそうです。計算機がない時代に、大砲が飛ぶ距離をすばやく計算するのに必要だったわけです。電卓やパソコンが身近にあるようになって対数表を使う必要もなくなりました。

例　日本の市町村の中には、人口が 200 人に満たない村から、人口が 400 万に近い市まであります。人口が約 2 万倍の違いですので、規模を区分する場合やグラフに描く場合に、人口そのままではなく 10 を底とする対数をとって示すことがあります。

例　哺乳類の中には、2 g に満たないハリネズミから、200 t 近いクジラまでいます。重さが約 2 万倍の違いですので、重さを区分する場合やグラフに描く場合に、重さの 10 を底とする対数をとって示すことがあります。

例　地震の規模を示す**マグニチュード**は、地震のエネルギーの大き

さを $\sqrt{1000}$ を底とする対数で表したものでした。したがって、マグニチュードが 2 違うと 1000 倍のエネルギーの違いがあることになります。これを改良したマグニチュードが使われているようです。

例 情報科学では、記憶容量や伝送速度を表すのに、2 を底とする対数をとったビット（bit）やバイト（B）で表します。これも 1024 倍ごと大きくなり、キロ（KB）、メガ（MB）、ギガ（GB）、テラ（TB）をつけて使うようになっています。

例 理論科学では、ネイピア数 $e = 2.718\cdots$ を底とする自然対数 $\log_e x$ を用います。この場合の対数関数の導関数は $(\log_e x)' = \dfrac{1}{x}$ となります。なお、10 を底とする常用対数 $\log_{10} x$ と自然対数 $\log_e x$ はともに、底を省略して、$\log x$ で表しますので、どちらであるか注意が必要です。対数関数は、情報理論や熱力学を含めた統計力学で重要な役割を果たしています。

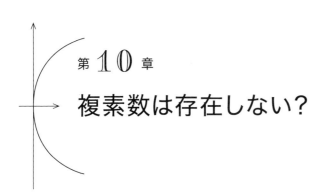
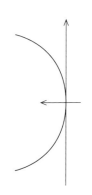

第 10 章

複素数は存在しない？

10.1 誤りの原因

本章ではまずはじめに、次の方程式

$$x^2 + x + 1 = 0 \tag{1}$$

を考えます。(1) の両辺に x を加えます。

$$x^2 + 2x + 1 = x$$

左辺を因数分解すると、

$$(x+1)^2 = x$$

となります。$(x+1)^2 \geqq 0$ だから、

$$x \geqq 0 \tag{2}$$

となります。(1) の両辺に $-3x$ を加えます。

$$x^2 - 2x + 1 = -3x$$

左辺を因数分解すると、

$$(x-1)^2 = -3x$$

となります。$(x-1)^2 \geqq 0$ だから、

$$-3x \geqq 0$$

となります。両辺を -3 で割ると、

$$x \leqq 0 \tag{3}$$

となります。(2) は $x > 0$ または $x = 0$ であるということですし、(3) は $x < 0$ または $x = 0$ であるということですので、$x = 0$ となります。これを (1) に代入すると、

$$1 = 0$$

となります。どうしてこのようなことが起こったのでしょう。

それは、(1) をみたす x は実数ではなく、$x = \dfrac{-1 \pm \sqrt{3}i}{2}$、つまり、複素数だからです。2 乗が正または 0 になるのは実数のときです。したがって、$(x+1)^2 \geqq 0$、および、$(x-1)^2 \geqq 0$ としたのが誤りです。方程式をみたす未知数 x が、実数なのか複素数なのかを考えて議論をする必要があるということです。

10.2 複素数とは

虚数記号と呼ばれる記号 i を用いて $3 + 2i$ という形で表される数を**複素数**といいます。一般に複素数は 2 つの実数 x, y を用いて $z = x + yi$ で表され、x を複素数 z の**実部**、yi を複素数 z の**虚部**と呼びます。

複素数には足し算、引き算、かけ算、割り算があります。足し算と引き算は

$$(3 + 2i) + (2 - 3i) = 5 - i,$$
$$(3 + 2i) - (2 - 3i) = 1 + 5i$$

のように実部と虚部をそれぞれ加えた複素数、および、実部と虚部をそれぞれ引いた複素数として計算します。掛け算は文字式としてかけたものに $i^2 = -1$ とおいた複素数で、例えば、

$$(3 + 2i)(2 - 3i) = 6 - 9i + 4i - 6i^2$$
$$= 6 - 5i - 6 \times (-1) = 12 - 5i$$

と計算します。

　複素数 $3 + 2i$ の虚部の符号を入れ換えた複素数 $3 - 2i$ を $3 + 2i$ の **共役複素数** と呼び、記号 $\overline{3 + 2i}$ で表します。

$$\overline{3 + 2i} = 3 - 2i$$

となります。複素数とその共役複素数を掛けると正数または 0 になります。

$$(x + iy)(x - iy) = x^2 - y^2 i^2 = x^2 + y^2 \geqq 0$$

　割り算は、分数の形に表して、分母の共役複素数を分母と分子にかけて計算します。例えば、

$$(3 + 2i) \div (2 - 3i) = \frac{3 + 2i}{2 - 3i} = \frac{(3 + 2i)(2 + 3i)}{(2 - 3i)(2 + 3i)}$$
$$= \frac{6 + 13i + 6i^2}{4 - 9i^2} = \frac{13i}{4 + 9} = i$$

と計算します。複素数の場合も 0 で割ることはできません。

　座標平面は、その上の点 (x, y) を複素数 $z = x + yi$ と対応させて考えるとき、**複素平面** といいます。複素平面においては横軸を **実軸** といい、縦軸を **虚軸** といいます。虚軸においては、目盛り $\cdots, -2, -1, 0, 1, 2, \cdots$ の代わりに $\cdots, -2i, -i, 0, i, 2i, \cdots$ と書きます。複素平面の点 $z = x + yi$ に対して、その共役複素数 $\bar{z} = x - yi$ は実軸に対称な点になります。また、複素数 z に対して、$|z| = \sqrt{z\bar{z}}$ を z の **絶対値** といいます。絶対値 $|z|$ は原点から z までの距離になります。また、2 つの複素数 z_1, z_2 について、

$$|z_1 z_2| = \sqrt{z_1 z_2 \overline{z_1 z_2}} = \sqrt{z_1 \overline{z_1}} \sqrt{z_2 \overline{z_2}} = |z_1||z_2|$$

がなりたちます。なお、虚部 bi を ib と書き表すことがあります。

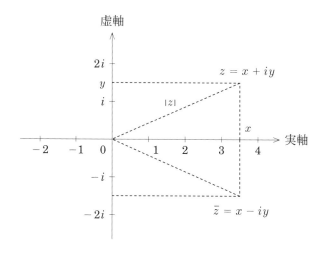

図 **10.1** 複素平面

10.3 $e^{\theta i}$ とコサイン関数・サイン関数

複素平面の原点を中心として半径 1 の円を**単位円**といいます。実数を表す変数記号 θ（ギリシャ文字シータ）を用います。単位円上に点が表す複素数 $e^{\theta i}$ を次のように定めます。$\theta > 0$ のときは単位円上の点 $1 + 0i$ から、単位円に沿って反時計回りに θ だけ進んだ点を $e^{\theta i}$ とします。$\theta < 0$ のときは単位円上の点 $1 + 0i$ から、単位円に沿って時計回りに $-\theta$ だけ進んだ点を $e^{\theta i}$ とします。$\theta = 0$ のときは、$e^{0i} = 1 + 0i$ とします（124 ページ図 10.2 参照）。

θ は、単位円の符号付きの弧の長さであり、向きをもった角度を表しています。分度器を用いる **360 度法**とは違ったこの角度の測り方を**弧度法**といいます。単位円の 1 周の長さは 2π ですから、弧度法と 360 度法の関係は次のようになります。

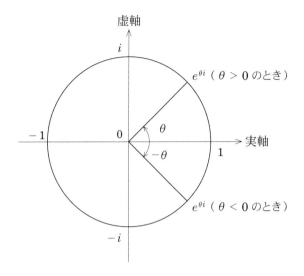

図 **10.2** $e^{\theta i}$

弧度法	0	$\dfrac{\pi}{6}$	$\dfrac{\pi}{4}$	$\dfrac{\pi}{3}$	$\dfrac{\pi}{2}$	π	2π
360 度法	$0°$	$30°$	$45°$	$60°$	$90°$	$180°$	$360°$

したがって、

$$e^{2\pi i} = e^{-2\pi i} = e^{0i} = 1, \qquad e^{\pi i} = e^{-\pi i} = -1,$$

$$e^{\frac{\pi}{2}i} = e^{-\frac{3\pi}{2}i} = i, \qquad e^{\frac{3\pi}{2}i} = e^{-\frac{\pi}{2}i} = -i,$$

$$e^{\frac{\pi}{6}i} = \frac{\sqrt{3}}{2} + \frac{1}{2}i, \qquad e^{\frac{\pi}{4}i} = \frac{1}{\sqrt{2}} + \frac{1}{\sqrt{2}}i,$$

$$e^{\frac{\pi}{3}i} = \frac{1}{2} + \frac{\sqrt{3}}{2}i$$

などとなります（図 10.3 参照）。

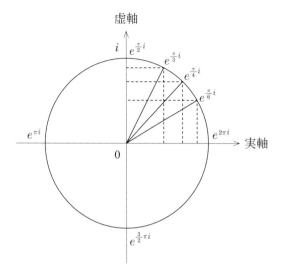

図 **10.3** 特定の θ の値に対する $e^{\theta i}$

$e^{\theta i}$ には、次の性質があります。

$$e^{\theta_1 i} e^{\theta_2 i} = e^{(\theta_1 + \theta_2)i}$$

証明 まず、$0 \leqq \theta_1, \theta_2 < \dfrac{\pi}{2}$ の場合を考えます。

$$|e^{\theta_1 i} \times e^{\theta_2 i}| = |e^{\theta_1 i}| \times |e^{\theta_2 i}| = 1 \times 1 = 1,$$
$$|e^{\theta_1 i} \times e^{\theta_2 i} - e^{\theta_1 i}| = |e^{\theta_1 i}| \times |e^{\theta_2 i} - 1| = |e^{\theta_2 i} - 1|$$

となりますから、複素数 $e^{\theta_1 i} \times e^{\theta_2 i}$ は単位円周上の点 $e^{\theta_1 i}$ から距離 $|e^{\theta_2 i} - 1|$ にある単位円周上の点ということになりますが、そのような点は $e^{(\theta_1 + \theta_2)i}$ と $e^{(\theta_1 - \theta_2)i}$ の 2 つだけです。

$0 \leqq \theta_1 < \theta_2 < \dfrac{\pi}{2}$ のときは、2 つの複素数 $e^{\theta_1 i}, e^{\theta_2 i}$ の実部と虚部はすべて負になりませんので、それらの積 $e^{\theta_1 i} e^{\theta_2 i}$ の虚部は負になりま

せん。ところが、$-\dfrac{\pi}{2} < \theta_1 - \theta_2 < 0$ ですから、複素数 $e^{(\theta_1 - \theta_2)i}$ の虚部は負ですので、$e^{\theta_1 i} \times e^{\theta_2 i} = e^{(\theta_1 + \theta_2)i}$ となります。$0 < \theta_1 = \theta_2 < \dfrac{\pi}{2}$ のときも、2 つの複素数 $e^{\theta_1 i}, e^{\theta_2 i}$ の実部と虚部はすべて正ですので、それらの積 $e^{\theta_1 i} e^{\theta_2 i}$ の虚部は正になります。ところが、$e^{(\theta_1 - \theta_2)i} = 1$ となりますから、$e^{\theta_1 i} \times e^{\theta_2 i} = e^{(\theta_1 + \theta_2)i}$ がなりたちます。もちろん、$\theta_1 = \theta_2 = 0$ のときも、$e^{\theta_1 i} \times e^{\theta_2 i} = e^{(\theta_1 + \theta_2)i}$ がなりたちます。

　次に、実数 θ と整数 k について、$e^{(\theta + \frac{\pi}{2}k)i} = e^{\theta i} \times e^{\frac{\pi}{2}ki}$ がなりたつことを示します。まず、$k = 1$ のときです。$e^{\theta i} \times e^{\frac{\pi}{2}i} = e^{\theta i} \times i$ ですから、点 $e^{\theta i} \times e^{\frac{\pi}{2}i}$ は、単位円周上の点 $e^{\theta i}$ から、時計回りに $\dfrac{1}{4}$ 周した単位円周上の点ですから、$e^{\theta i} \times e^{\frac{\pi}{2}i} = e^{(\theta + \frac{\pi}{2})i}$ がなりたちます。得られた結果を用いると、$k = -1$ のときも、

$$e^{\theta i} \times e^{-\frac{\pi}{2}i} = e^{(\theta - \frac{\pi}{2} + \frac{\pi}{2})i} \times e^{-\frac{\pi}{2}i}$$
$$= e^{(\theta - \frac{\pi}{2})i} e^{\frac{\pi}{2}i} \times e^{-\frac{\pi}{2}i}$$
$$= e^{(\theta - \frac{\pi}{2})i} \times i \times (-i) = e^{(\theta - \frac{\pi}{2})i}$$

がなりたちます。同じようにして、すべての実数 θ とすべての整数 k について、$= e^{\theta i} \times e^{\frac{\pi}{2}ki} = e^{(\theta + \frac{\pi}{2}k)i}$ がなりたちます。

　θ_1 と θ_2 が実数のときは、$\theta_1 = \theta_1' + \dfrac{\pi}{2}k_1 i$, $\theta_2 = \theta_2' + \dfrac{\pi}{2}k_2 i$ をみたす $0 \geqq \theta_1', \theta_2' < \dfrac{\pi}{2}$ と正数 k_1', k_2' が存在します。上で得られた結果を用いると、

$$e^{\theta_1 i} \times e^{\theta_2 i} = e^{(\theta_1' + \frac{\pi}{2}k_1)i} \times e^{(\theta_2' + \frac{\pi}{2}k_2)i}$$
$$= e^{\theta_1' i} e^{\frac{\pi}{2}k_1 i} e^{\theta_2' i} e^{\frac{\pi}{2}k_2 i}$$
$$= e^{\theta_1' i + \theta_2' i} e^{\frac{\pi}{2}k_1 i + \frac{\pi}{2}k_2 i}$$
$$= e^{\theta_1' i + \theta_2' i + \frac{\pi}{2}k_1 i + \frac{\pi}{2}k_2 i}$$
$$= e^{(\theta_1 + \theta_2)i}$$

がなりたちます。

0 とは異なる複素数 $z = x + yi$ は

$$z = \sqrt{x^2 + y^2} \left(\frac{x}{\sqrt{x^2 + y^2}} + \frac{y}{\sqrt{x^2 + y^2}} i \right)$$

と表せます。$\left(\dfrac{x}{\sqrt{x^2 + y^2}} \right)^2 + \left(\dfrac{y}{\sqrt{x^2 + y^2}} \right)^2 = 1$ がなりたちますから、複素数 $\dfrac{x}{\sqrt{x^2 + y^2}} + \dfrac{y}{\sqrt{x^2 + y^2}} i$ は単位円周上の点です。したがって、$\dfrac{x}{\sqrt{x^2 + y^2}} + \dfrac{y}{\sqrt{x^2 + y^2}} i = e^{\theta i}$ をみたす実数 θ があります。$r = \sqrt{x^2 + y^2}$ とおくと、r は正数であり、

$$z = re^{\theta i}$$

と表せます。これを複素数 z の**極座標表示**といいます。

極座標表示された 2 つの複素数の積および商は、

$$r_1 e^{\theta_1 i} \times r_2 e^{\theta_2 i} = r_1 r_2 e^{(\theta_1 + \theta_2)i},$$
$$r_1 e^{\theta_1 i} \div r_2 e^{\theta_2 i} = \frac{r_1}{r_2} e^{(\theta_1 - \theta_2)i} \qquad (r_2 > 0 \text{ のとき})$$

となります。

$e^{\theta i}$ に対して、

$$e^{\theta i} = \cos \theta + i \sin \theta$$

と置きます。このように定めた $\cos \theta$ を**コサイン関数**、$\sin \theta$ を**サイン関数**といいます。また、コサイン関数やサイン関数などを**三角関数**といいます（128 ページ図 10.4 参照）。

$|e^{xi}| = 1$ ですから、

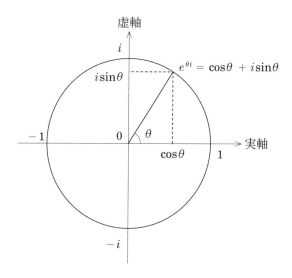

図 **10.4** コサイン関数とサイン関数

$$\cos^2 x + \sin^2 x = 1$$

がなりたちます。また、$e^{(x+y)i} = e^{xi}e^{yi}$ を用いると、

$$\cos(x + y) + i\sin(x + y)$$
$$= e^{(x+y)i} = e^{xi}e^{yi}$$
$$= (\cos x + i\sin x)(\cos y + i\sin y)$$
$$= (\cos x \cos y - \sin x \sin y) + i(\cos x \sin y + \sin x \cos y)$$

がなりたちますので、最左辺と最右辺の実部と虚部をみることにより、コサイン関数とサイン関数の公式

$$\cos(x + y) = \cos x \cos y - \sin x \sin y,$$
$$\sin(x + y) = \cos x \sin y + \sin x \cos y$$

を得ることができます。同様の方法で、

(1) $e^{2xi} = e^{xi} \times e^{xi}$ から、

$$\cos(2x) = \cos^2 x - \sin^2 x, \qquad \sin(2x) = 2\sin x \cos x$$

が得られます。

(2) $e^{(x+\frac{\pi}{2})i} = e^{\frac{\pi}{2}i}e^{xi} = ie^{xi}$ から、

$$\cos\left(x + \frac{\pi}{2}\right) = -\sin x, \qquad \sin\left(x + \frac{\pi}{2}\right) = \cos x$$

が得られます。

(3) $e^{xi} + e^{yi} = e^{\frac{x+y}{2}i}(e^{\frac{x-y}{2}i} + e^{-\frac{x-y}{2}i})$ から、

$$\cos x + \cos y = 2\cos\left(\frac{x+y}{2}\right)\cos\left(\frac{x-y}{2}\right),$$

$$\sin x + \sin y = 2\sin\left(\frac{x+y}{2}\right)\cos\left(\frac{x-y}{2}\right)$$

が得られます。

　三角関数のその他の公式も、同じように得られますので、煩雑とも言える三角関数の公式を暗記しないで済ますことができます。

　また、$e^{\theta i}$ に $\theta = \pi$ とおくと、$e^{\pi i} = -1$、すなわち、

$$e^{\pi i} + 1 = 0$$

がなりたちます。この等式は最も美しい数式ともいわれます。この数式には、円周率 π、ネイピア数 e、虚数単位 i、1, 0 という数学において最も大切と思われる 5 つのすべてが短い 1 つの等式に表れていますので、世の中の統一性を感じさせます。

　$\cos x$, $\sin x$ は周期をもって波型に変化します（130 ページ図 10.5 参照）。世の中には、音波、電磁波、振動波など波ととらえられるも

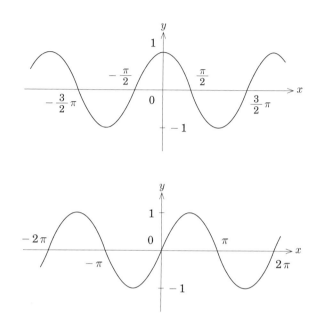

図 **10.5**　コサイン関数（上）とサイン関数（下）のグラフ

のがいろいろとありますので、$\cos x$, $\sin x$ はそうした現象を理解に
とって大切です。三角関数は、測ることが困難な長さの測定を行う
ために、直角三角形の相似比を用いることから始まったものですが、
今ではレーザー距離計などの便利な道具が使われるようになり、そ
うしたことが必要なくなっているようです。

　コサイン関数の値やサイン関数の（近似）値もまた、手計算や電卓
で求めることができませんが、第 9 章で紹介した Excel を用いると
近似値を求めることができます。

例　$e^i = \cos 1 + i \sin 1$ の近似値を Excel で求めます。$\cos 1$ は Excel
のセルに「=COS(1)」と入力して、Enter キーを押すと「0.540302306」
がでます。したがって。$\cos 1 = 0.540302306$ です。$\sin 1$ は Excel の
セルに「=SIN(1)」と入力して Enter キーを押すと「0.841470985」が
でます。したがって、$\sin 1 = 0.841470985$ です。ゆえに、

$$e^i = \cos 1 + i \sin 1 = 0.540302306 + 0.841470985i$$

です。

問題 10-3 Excel を使って $e^{-0.1i} = \cos(-0.1) + i\sin(-0.1)$ の近似値を求めてください。

10.4 複素数はこの世の数

ここからは少し発展的な話題になります。位置 $x(t)$ と速度 $x'(t)$ と加速度 $x''(t)$ の間の関係式

$$ax''(t) + bx'(t) + cx(t) = 0$$

は数学の言葉でいうと**定数係数 2 階線形微分方程式**と呼ばれ、世の中のさまざまな現象を記述する最も大切な微分方程式です。例えば、$x''(t) = k^2 x(t)$ は細菌が増殖する加速度が現在の量に比例することを表す微分方程式ですし、$x''(t) = -k^2 x(t)$ はバネの運動方程式です。ここでは、$a = 1$, $b = 2$, $c = 2$ の場合の定数係数 2 階線形微分方程式

$$x''(t) + 2x'(t) + 2x(t) = 0$$

を考えます。α を複素数とするとき、$x(t) = e^{\alpha t}$ を微分すると、$x'(t) = \alpha e^{\alpha t}$ となります。さらに微分すると、$x''(t) = \alpha^2 e^{\alpha t}$ となります。これらを上の微分方程式の左辺に代入すると、

$$x''(t) + 2x'(t) + 2x(t) = \alpha^2 e^{\alpha t} + 2\alpha e^{\alpha t} + 2e^{\alpha t}$$
$$= (\alpha^2 + 2\alpha + 2)e^{\alpha t}$$

となりますので、α を 2 次方程式 $\alpha^2 + 2\alpha + 2 = 0$ の解とするとき、$x(t) = e^{\alpha t}$ は上の微分方程式の解になります。この 2 次方程式の解は、

$$\alpha = \frac{-2 \pm \sqrt{4-8}}{2} = -1 \pm i$$

ですから、$x(t) = e^{(-1+i)t}$ と $x(t) = e^{(-1-i)t}$ は微分方程式 $x''(t) + 2x'(t) + 2x(t) = 0$ の解となります。c と d を定数とするとき、$x(t) = ce^{(-1+i)t} + de^{(-1-i)t}$ もこの微分方程式の解になっています。

$$x(t) = ce^{-t}(\cos t + i\sin t) + de^{-t}(\cos t - i\sin t)$$
$$= e^{-t}\{(c+d)\cos t + (c-d)i\sin t\}$$

ですから、2 つの実数 k, h に対して、$c = \dfrac{k - hi}{2},\ d = \dfrac{k + hi}{2}$ と置くと、微分方程式 $x''(t) + 2x'(t) + 2x(t) = 0$ の実数解 $x(t) = e^{-t}(k\cos t + h\sin t)$ が得られます。まず、複素数の世界で微分方程式の解を求め、そのなかの実数解をみたわけです。実数の世界にこだわることなく、複素数の世界で考えることによって、さまざまな場合を統一して取り扱うことができます。

　複素数は多くの数学の分野で使われています。もし複素数がなかったら、数学がずいぶんとやせ細るに違いありません。例えば、定積分の計算がそのままではできなくても、複素線積分と呼ばれるものを用いることによって計算できるものがあります。周期関数のフーリエ級数と呼ばれるものを複素化して考えることによって、周期的でない関数のフーリエ変換と呼ばれるものを考えることができ、役立てることができます。リーマンゼータ関数と呼ばれる複素変数関数によって素数の分布を調べることができます。数学の世界を見回すと、複素数は空想の世界の数ではなく、現実の世界の数に違いないと思うようになります。

一筆書きも数学です

　まず、**一筆書きできるものとできないもののいくつかの例をみてみます。**

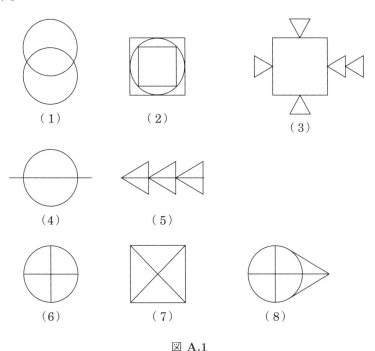

図 **A.1**

　これらの例のうち、(1), (2), (3), (4), (5) は次に示しているように、一筆書きできます。(6), (7), (8) は一筆書きできません。

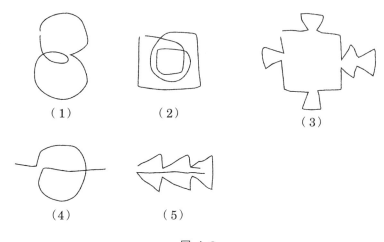

（1）　　　　　　（2）　　　　　　　　　（3）

（4）　　　　　（5）

図 A.2

　これらの図で、線の交点や線が折れ曲がっている点について、その点から出る線が奇数個である点を、**奇点**と呼ぶことにします。(1)は奇点が 0 個、(2) は奇点が 0 個、(3) は奇点が 0 個、(4) は奇点が 2 個、(5) は奇点が 2 個、(6) は奇点が 4 個、(7) は奇点が 4 個、(8) は奇点が 6 個あります。結論からいいますと、奇点が 0 個あるいは 2 個ある場合は一筆書きができますが、それ以外の場合は一筆書きができません。

　まず、奇点が 0 個場合を考えます。後で証明しますが、この場合は互いに同じ線を持たない何個かの**ループ**に分解できます。(1), (2), (3) について、分解して得られたループを書いてみます。ループへの分解の仕方は一通りではありません（図 A.3 参照）。

　これらのループはそれぞれ全体として 1 つにつながっています。それぞれのループはもちろん一筆書きができます。どれでもよいですから、第 1 のループを選び出します。それと共有点をもつ第 2 のループ（後で説明しますが、ループが 2 個以上ならあります）を選び出します。第 1 のループと第 2 のループを合わせたものは一筆書きできます。第 1 のループ上の点から出発して時計回りに第 1 のループ

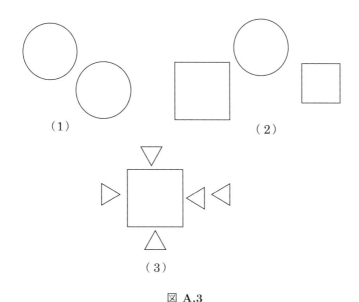

（1）

（2）

（3）

図 **A.3**

を進み、第2のループとの共有点にくれば、第2のループに乗り換えて時計回りに進み、乗り換えた共有点までくれば、第1のループに戻って時計回りに出発点まで進めばよいからです。次に、「第1のループと第2のループを合わせたもの」と、共有点をもつ第3のループ（ループが3個以上ならあります）を選び出します。「第1のループと第2のループと第3のループを合わせたもの」は一筆書きできます。先ほどの「第1のループと第2のループを合わせたもの」の一筆書きを進み、第3のループとの共有点にくれば、第3のループに乗り換えて時計回りに進み、乗り換えた共有点までくれば、先ほどの「第1のループと第2のループを合わせたもの」の一筆書きに戻って時計回りに出発点まで進めばよいからです。ループが4個以上ならさらに同じように一筆書きを広げます。このように一筆書きを次々に広げていくことによって、すべての線からなる一筆書きが完成します。

　一筆書きを次々に広げていく方法ではなく、一筆書きを一度に行う

には、（乗り換えた後でもさらに）新しいループとの共有点にくれば
必ず新しいループに乗り換え、新しいループを完成させながら、乗
り換えた共有点にきたら、乗り換え前のループに戻って完成させる
という方針を貫くことによって一筆書きが完成します。例によって説
明します。

　図 A.4 のループ 1 上の点から出発し、点 a でループ 2 に乗り換え、
さらに点 b でループ 3 に乗り換え、点 c ではループ 1 には戻らずルー
プ 3 を完成させて、点 b でループ 2 に戻り、ループ 2 を完成させて、
点 a でループ 1 に戻り、出発点に戻り、ループ 1 を完成させます。新
しいループとの共有点にくれば必ず乗り換えるが、その新しいルー
プが完成するまではもとのループに戻らないことが大切です。

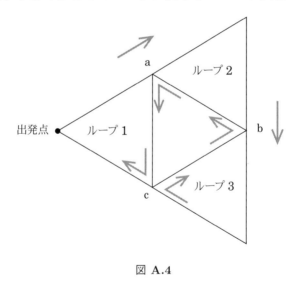

図 **A.4**

　もっとたくさんのループに分解できる場合でも、上の方法を忠実に
守れば、一筆書きは完成します。なお、ループへの分解は一通りでは
ありませんので、どのループへの分解を利用するかをまず確認して
取り掛かることが必要です。

　次に、奇点の個数が 2 個の場合です。2 つの奇点を新しい線で結ん

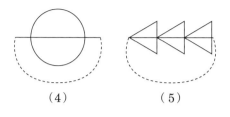

（4）　　　　　　　（5）

図 **A.5**

だものは、奇点が 0 個になりますから、前に示したように、一筆書き
できます。それは、新しく付け加えた線を外しても一筆書きになって
います。したがって、奇点が 2 個の場合の一筆書きは、奇点の 1 つ
から始めて、奇点が 0 個の場合の方法と同じ方法に従うと他方の奇
点にいたります。

　一筆書き問題は、そこに現れる点や線にすべて異なる名前をつける
ことによってできる「**両端名付き線の集合**」を対象にして考えます。

　両端名付き線の集合の一部あるいは全部を使って経路を考えます。
経路とは、両端名付き線の集合の $k+1$ 個の点 $t_0, t_1, t_2, t_3, \cdots, t_{k-1}, t_k$
（重複があってよい）と k 個の線 $S_1, S_2, S_3, \cdots, S_k$（重複があってよ
いが隣り合う線は互いに異なるものとします）を 1 列に並べてでき
る $t_0 S_1 t_1 S_2 t_2 S_3 t_3 \cdots t_{k-1} S_k t_k$ のことです。k をこの経路の長さと呼
ぶことにします。経路の隣り合う線は互いに異なるようにするとい
うことは、後戻りしてはいけないということです。この経路の最初
の点 t_0 を**始点**、最後の点 t_k を**終点**、最初の線 S_1 を**始線**、最後の線
S_k を**終線**と呼ぶことにします。

　始点と終点が一致する経路を**閉じた**経路と呼び、始点と終点が異な
る経路を**開いた**経路と呼ぶことにします。

　経路は、そこに同じ線がないとき、**一筆経路**と呼ぶことにします。
一筋経路は名前の通り一筆書きできます。一筆経路は、線の重複が
ありませんので、両端名付き線の集合と考えることができます。

　閉じた一筆経路は、それがすべて異なる点からできているとき、

ループと呼ぶことにします。

　両端名付き線の集合は、そのすべての異なる 2 つの点に対して、一方を始点とし、他方を終点とする経路が存在するとき、**連結**しているということにします。

　両端名付き線の集合の点は、その点を端点とする線の個数が奇数のとき**奇点**といい、偶数のとき**偶点**と呼ぶことにします。ただし、端点が同じ線は 2 本と数えることにします。

例　点と線に異なる名前を付けてできる両端名付き線の集合の例を示します。

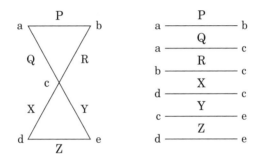

図 **A.6**

　この例について、長さ 9 の経路 aPbRcQaPbRcXdZeYcRb は、R が重複していますから、一筆経路ではありません。長さ 4 の経路 cRbPaQcYe は開いた一筆経路ですし、長さ 6 の経路 aPbRcYeZdXcQa は閉じた一筆経路です。長さ 3 の経路 cYeZdXc はループです。

　(1) 閉じた一筆経路（からきまる両端名付き線の集合）は連結であり奇点の個数は 0 個です。一筆経路ですから同じ線はありませんので、すべての点は、その点を端点とする線の個数は、その点が経路に現れる回数（始点と終点は同一点ですから 1 回と数えます）の 2 倍だからです。

　(2) 奇点が 0 個の両端名付き線の集合は、ループに分解できます。

なぜなら、点はすべて偶点ですから、いくらでも長い経路を作ることができます。両端名付き線の集合の点の個数を n とするとき、長さ n の経路には $n+1$ 個の点が現れますが、それらには同一点があります。それらの同一点の間に同一点があれば、間に同一点がないように短くすることによって、ループができます。そのループを切り取った残りは、(1) より、偶点ばかりからなる両端名付き線の集合になります（連結しているとは限りません）。残りの偶点ばかりからなる両端名付き線集合から次々にループを取り出していくことにより、奇点が 0 個の両端名付き線の集合は、ループに分解できます。

(3) 両端名付き線の集合について、そのすべての線からなる閉じた一筆経路が存在するための必要十分条件は、連結であり、かつ、奇点の個数は 0 個であることです。

証明 すべての線からなる閉じた一筆経路が存在するとします。(1) より連結であり、奇点は 0 個となります。逆に、連結であり奇点が 0 個とします。(2) より、ループに分解ができます。得られたループの全体をどのように 2 つのグループ P, Q に分けても、連結していることから、P と Q の共有点が存在します。この性質を用いることにより、前に説明したように、すべての線からなる閉じた一筆経路をつくることができます。

(4) 両端名付き線の集合について、そのすべての線からなる開いた一筆経路が存在するための必要十分条件は、連結であり、かつ、奇点の個数が 2 個であることです。

証明 両端名付き線の集合が、そのすべての線からなる開いた一筆経路が存在するならば、始点と終点を結ぶ直線を加えた両端名付き線の集合は、そのすべての線からなる閉じた一筆経路が存在します。したがって、(3) より、始点と終点を結ぶ直線を加えた両端名付き線の集合は連結であり奇点は 0 個です。したがって、加えた線を外したもとの両端名付き線の集合は連結であり奇点が 2 個です。

逆に、両端名付き線の集合が連結であり奇点が 2 個ならば、奇点

と奇点を結ぶ線を加えた両端名付き線の集合は連結であり、奇点は
0 個です。したがって、(3) より、奇点を結ぶ線を加えた両端名付き
線の集合は、そのすべての線からなる閉じた一筆経路が存在します。
したがって、加えた線を外したもとの両端名付き線の集合は、その
すべての線からなる開いた一筆経路が存在します。

　一筆書きには、閉じた一筆経路と開いた一筆経路しかありませんか
ら、(3) と (4) より、次がなりたちます。

　(5) 両端名付き線集合について、一筆書きできるための必要十分条
件は、連結であり、奇点が 0 個または 2 個であることです。
　これは、どんな複雑な両端名付き線の集合に対しても適用できる判
定条件です。また、前に示した、一筆書きできる両端名付き線の集合
についての一筆書きの方法は、どんな複雑なものに対しても適用で
きます。どのような複雑な対象に対しても適用できるということは、
論理的な議論の強みです。
　なお、奇点の個数は偶数個（0 個を含む）です。なぜなら、一筆書
き問題の対象は、白紙に次々に線を付け加えることによってできま
すが、白紙のときは、奇点は 0 個であり、線を加えるごとに奇点の
個数は 2 個増えるか、2 個減るか、変わらないかのいずれかだからで
す。(5) より、奇点が 4 個以上のときは、一筆書きができないという
ことです。なお、一筆書き問題は、平面上ではなく空間にあっても
まったく同じです。
　(3) の証明の P と Q の共有点が存在することを、より厳密に証明
します。P に属する点の 1 つを a、Q に属する点の 1 つを b としま
す。a と b が同一点の場合は点 a ＝ b は P と Q の共有点です。a と
b が異なる点の場合は、連結していますから点 a と点 b を結ぶ経路
があります。その経路の始線を X、終線を Y とします。終線 Y が P
に属する線の場合は、終点 b は P と Q の共有点です。終線 Y が Q に
属する線の場合は、線 X から順に経路の線を見ていき、最初に Q に

属する線をWとします。Wが始線Xの場合は、始点 a は P と Q の共有点です。W が始線 X と異なる場合は、Wの一つ前の線を Z とし、線 Z と線 W をつなぐ点を c とすると、Z は P に属する線ですから、点 c は P と Q の共有点です。いずれの場合も P と Q の共有点がありました。

　奇点の個数が偶数であることを、より厳密に証明します。異なる偶点と偶点を結ぶ線を引くと、奇点、奇点となり、奇点は +2 個です。異なる奇点と奇点を結ぶ線を引くと、偶点、偶点となり、奇点は −2 個です。奇点と偶点を結ぶ線を引くと、偶点、奇点となり、奇点は ±0 個です。閉じた線を引くと、奇点は ±0 個です。線を引いて他の線と交差しても接しても、奇点は ±0 個です。したがって、奇点が 0 個である白紙に次々に線を加えていくとき、奇点の個数は偶数です。

　一筆書きについての前半は、すらすらと納得できる説明だったのではないでしょうか。後半は、あいまいさのない厳密な説明にしました。

問題の
解答

問題 1-1

$$\frac{14960\,万\,km}{\boxed{}\,秒} = 30\,万\,km/秒$$

だから、$14960\,万\,km \div 30\,万\,km/秒 = 498.66666\,秒 \fallingdotseq 499\,秒$。$\dfrac{499\,秒}{\boxed{}\,分} = 60\,秒/分$ だから、$499 \div 60 = 8.31666$。$499 - 8 \times 60 = 19$ だから、8分19秒です。

問題 1-2

$$\frac{1\,日目の残り \boxed{}\,ページ}{本の全体 \boxed{}\,ページ} = \frac{3}{7}/$$

$$\frac{2\,日目の残り\;\;22\,ページ}{1\,日目の残り \boxed{}\,ページ} = \frac{2}{9}/$$

だから、1日目の残り $= 22 \div \dfrac{2}{9} = 99$ ページ。本の全体 $= 99 \div \dfrac{3}{7} = 231$ ページ。

問題 2-1　7つの部屋に1番から7番までの番号を振り、7枚の絵を1列に並べた順に部屋に割り付けると、絵の部屋への割付の仕方は、7枚の絵を1列に並べる並べ方と同じになるので、

$$7! = 7 \times 6 \times 5 \times 4 \times 3 \times 2 \times 1 = 5040$$

通りです。

問題 2-2

$$\frac{15!}{10! \times 5!} = \frac{15 \times 14 \times 13 \times 12 \times 11}{5 \times 4 \times 3 \times 2 \times 1} = 3003$$

通りです。

問題 3-1 略。

問題 3-2 (1) 6 人の誕生月がすべて異なる確率は

$$\frac{11}{12} \times \frac{10}{12} \times \frac{9}{12} \times \frac{8}{12} \times \frac{7}{12} = 0.223$$

したがって、6 人のなかに同じ誕生月の組がいる確率は $1 - 0.22 = 0.78$ なので、答えは 78%です。

(2) 10 人の誕生月がすべて異なる確率は

$$\frac{11}{12} \times \frac{10}{12} \times \frac{9}{12} \times \frac{8}{12} \times \frac{7}{12} \times \frac{6}{12} \times \frac{5}{12} \times \frac{4}{12} \times \frac{3}{12} = 0.0038$$

なので、答えは 0.4%です。

問題 4-1

$$S_n = 15\left(\frac{1}{100} + \left(\frac{1}{100}\right)^2 + \left(\frac{1}{100}\right)^3 + \cdots + \left(\frac{1}{100}\right)^n\right)$$

と置くと、

$$100 S_n = 15\left(1 + \frac{1}{100} + \left(\frac{1}{100}\right)^2 + \cdots + \left(\frac{1}{100}\right)^{n-1}\right),$$
$$99 S_n = 15\left(1 - \left(\frac{1}{100}\right)^n\right),$$
$$S_n = \frac{15}{99}\left(1 - \left(\frac{1}{100}\right)^n\right)$$

n を限りなく大きくすると、S_n は $\frac{15}{99}$ に近づきます。したがって、$b = \frac{15}{99} = \frac{5}{33}$ となります。

問題 5-1

$$S = a + a^2 + a^3 + \cdots + a^n,$$
$$aS = a^2 + a^3 + a^4 + \cdots + a^{n+1}$$

より、$(1-a)S = a - a^{n+1}$ だから、$a \neq 1$ のとき、$S = \dfrac{a - a^{n+1}}{1-a}$。$a = 1$ のときは、$S = 1 + 1 + 1 + \cdots + 1 = n$。

問題 6-1　この関数の導関数は $f'(x) = 6x + 2$ ですから、$x = -\dfrac{1}{3}$ における瞬間変化率は $f'\left(-\dfrac{1}{3}\right) = 0$ です。また、$x = 0$ における瞬間変化率は $f'(0) = 2$ です。

問題 7-1　線分 BD の長さを d とするとき、直角三角形 ADB にピタゴラスの定理を適用すると、$\overline{\mathrm{AD}}^2 = 5^2 - d^2$ がなりたちます。直角三角形 ADC にピタゴラスの定理を適用すると、$\overline{\mathrm{AD}}^2 = 7^2 - (6-d)^2$ がなりたちます。$5^2 - d^2 = 7^2 - (6-d)^2$ より、$d = 1$ を得ます。したがって、$\overline{\mathrm{AD}} = \sqrt{25-1} = 2\sqrt{6}$。

問題 8-1

$$x = \dfrac{\begin{vmatrix} 1 & 4 \\ 2 & 2 \end{vmatrix}}{\begin{vmatrix} 3 & 4 \\ 1 & 2 \end{vmatrix}} = \dfrac{-6}{2} = -3, \qquad y = \dfrac{\begin{vmatrix} 3 & 1 \\ 1 & 2 \end{vmatrix}}{\begin{vmatrix} 3 & 4 \\ 1 & 2 \end{vmatrix}} = \dfrac{5}{2}$$

問題 8-2

$$\begin{pmatrix} 3 & 4 \\ 1 & 2 \end{pmatrix}^{-1} = \dfrac{1}{\begin{vmatrix} 3 & 4 \\ 1 & 2 \end{vmatrix}} \left(\begin{matrix} \begin{vmatrix} 1 & 0 \\ 0 & 2 \end{vmatrix} & \begin{vmatrix} 0 & 1 \\ 1 & 0 \end{vmatrix} \\ \begin{vmatrix} 0 & 4 \\ 1 & 0 \end{vmatrix} & \begin{vmatrix} 3 & 0 \\ 0 & 1 \end{vmatrix} \end{matrix} \right)^{t}$$

$$= \dfrac{1}{2} \begin{pmatrix} 2 & -1 \\ -4 & 3 \end{pmatrix}^{t} = \begin{pmatrix} 1 & -2 \\ -\dfrac{1}{2} & \dfrac{3}{2} \end{pmatrix}$$

問題 8-3

$$\begin{pmatrix} x \\ y \end{pmatrix} = \begin{pmatrix} 3 & 4 \\ 1 & 2 \end{pmatrix}^{-1} \begin{pmatrix} 1 \\ 2 \end{pmatrix} = \begin{pmatrix} 1 & -2 \\ -\dfrac{1}{2} & \dfrac{3}{2} \end{pmatrix} \begin{pmatrix} 1 \\ 2 \end{pmatrix} = \begin{pmatrix} -3 \\ \dfrac{5}{2} \end{pmatrix}$$

問題 8-4 固有方程式は

$$\begin{vmatrix} a-\lambda & b \\ b & c-\lambda \end{vmatrix} = (a-\lambda)(c-\lambda)-b^2$$

$$= \lambda^2 - (a+c)\lambda + ac - b^2 = 0$$

だから、固有値は

$$\lambda = \frac{a+c \pm \sqrt{(a+c)^2 - 4(ac-b^2)}}{2}$$

$$= \frac{a+c \pm \sqrt{(a-c)^2 + 4b^2}}{2}$$

$(a-c)^2 + 4b^2 \geqq 0$ だから固有値は実数です。

問題 10-1 $3.4^{-1.2} = 0.230263605$

問題 10-2 $\log_{0.1} 123 = -2.089905111$

問題 10-3 $e^{-0.1i} = \cos(-0.1) + i\sin(-0.1) = 0.995004165 - 0.099833417i$

索引

押川元重

おしかわ・もとかず (通称：おしかわ・もとしげ)

1939 年、宮崎県に生まれる。

1963 年、九州大学大学院理学研究科修士課程修了。

現在、九州大学名誉教授・理学博士 (九州大学)。

著書に、

『数理計画法入門』、『数学からはじめる電磁気学』(いずれも共著、培風館)、

『初学 微分積分』(共著、日本評論社)、

『行列・行列式・ベクトルがきちんと学べる線形代数』(日本評論社)

などがある。

知ってうれしい 数学の基本

電卓片手 にとことん掘り下げよう！

2021 年 9 月 25 日　第 1 版第 1 刷発行

著者 ―――――― 押川元重

発行所 ―――――― 株式会社　日本評論社
　　　　　　　　　〒 170-8474 東京都豊島区南大塚 3-12-4
　　　　　　　　　電話　(03) 3987-8621 [販売]
　　　　　　　　　　　　(03) 3987-8599 [編集]

印刷 ―――――― 藤原印刷株式会社

製本 ―――――― 株式会社難波製本

装幀＋図版 ―――――― 蔦見初枝 (山崎デザイン事務所)

copyright ⓒ 2021 Oshikawa Motokazu.
Printed in Japan
ISBN 978-4-535-78951-7